你是个年轻人 请你好好生活

吕不同 作品

中国友谊出版公司

图书在版编目（CIP）数据

你是个年轻人，请你好好生活 / 吕不同著 . —北京：中国友谊出版公司，2019.5

ISBN 978-7-5057-4657-2

Ⅰ.①你… Ⅱ.①吕… Ⅲ.①成功心理 – 通俗读物 Ⅳ.① B848.4–49

中国版本图书馆 CIP 数据核字（2019）第 057141 号

书名	你是个年轻人，请你好好生活
作者	吕不同
出版	中国友谊出版公司
发行	中国友谊出版公司
经销	新华书店
印刷	河北鹏润印刷有限公司
规格	880×1230 毫米 32 开 8 印张 125 千字
版次	2019 年 7 月第 1 版
印次	2019 年 7 月第 1 次印刷
书号	ISBN 978-7-5057-4657-2
定价	45.00 元
地址	北京市朝阳区西坝河南里 17 号楼
邮编	100028
电话	（010）64678009

如发现图书质量问题，可联系调换。质量投诉电话：010-82069336

任何饮料，

不过都是在水里做文章。

Contents

/ 目 录 /

001 - **不要在晚上十点之后跟人聊天**
一定要熬。

010 - **我曾差点改变世界**
能不能用一点点手段，
让一些事情恢复它原本该有的样子。

020 - **终结愚蠢荒谬的人生**
我对天发誓我从来都知道哪些事
是对的，哪些事是错的。

033 - **此文禁止阅读**
世上每一道栏杆都出于对人的不信任。

039 · **在朋友圈里伪装自己**
我并不觉得这种伪装有停止的必要。

047 · **车祸发生以后**
何必独醒。

053 · **久坐有死亡危险**
我烦。

060 · **文字凶杀案**
我知道躲文字的尸体有多难,所以我个人绝不愿去制造文字尸体。

068 · **来,带你在村口掉个头**
这条路,我在这个年纪没有上去,这辈子就可能再没机会了。

080 - **期待过年就是少年**
祈祷新的一年能慈悲为怀,对这个烟火人间不要下手太狠。

088 - **"人间不值得",你值得**
人间很无辜,你不无辜。

096 - **杀了那个上菜的机器人**
最基本的需求同时也是最低端的需求。

105 - **为什么我写不出 10 万 +**
一切饮料,不过是在水里做文章。

115 - **论爱抬杠的人**
他们不懂自由的尺度。

121 - **大便与艺术**
你不能说李白俗。

132 - **好人与鸭腿**

一个人，能做到一个人的样子，就配得上一切赞美。

141 - **当我说爱你时，我在说什么**

我很小就认识了爱情。

153 - **论杀马特**

爱我你怕了吗？

158 - **注意力谋杀**

我相信你也抗拒过，并因此而焦虑。

169 - **神的孩子在跳舞**

离天堂近当然好，但还是没有离一二环近好。

177 - **迎接未来就是迎接失去**
毕竟能挽回的，都不是失去。

184 - **写在中元节**
为什么自古以来……

192 - **方言的生猛**
在普通话的普及过程中，我们丢失了什么。

203 - **这里的人**
这里的星星都是双眼皮。

208 - **为什么我说活着是本励志书**
他们下坠了一生，已经不会想再到开阔处看这个世界最后一眼。

216 - **风暴与蝴蝶**

蝴蝶应该生活在森林,不应该妄想去看望海洋,可每一只蝴蝶身上的水粒,又确实来自海洋。

225 - **再没有孩子会在夏天爬上枣树**

没谁抬头看枣一眼,也没谁看他一眼。

233 - **生日快乐,吕不同**

与其说是世界在给我添堵,不如说是我无法与自己和解。

不要在
晚上十点之后
跟人聊天

——

一定要熬。

．

每到晚上，我在微信和私信以及社交媒体后台，总能收到大段大段的内心独白。这些独白中，有人陈述悲惨境遇，有人陈述情感困惑。有人觉得自己一无所有，想死。有人身患重病，想活。有人诉说悲惨童年，有人讲述不堪的现在。有人喝醉了，给我疯狂发视频。有人什么事没有，但想尝试放纵的滋味，于是给我发不合适的照片。也有人用一大堆我怎么都看不明白的文字向我表达倾慕之情。

我知道你们可能每天都看我的文章，甚至会抄下我的部分句子用于平常生活，还会想变成像我一样的人。但朋友，我们终归是陌生人。我给你看的文字，发的照片，每一段，每一张，都是精心挑选甚至是设计过的。我没有恶意，但必须有所隐藏。所以，不管你以为的我是什么样，看到的我是什么样，我终归是你的陌生人。

除我以外，在你的生活中，你的微信好友里，除了真心关爱你的家人和朋友外，绝大多数人也跟我一样，他的陌生部分，总要比你所熟悉的部分要多。人在深夜总容易思绪万千，想象力和自怜情绪都会大幅跃升，但听我的，当你刷完微博，发完朋友圈，发现没有任何人理你时，发现自己突然被无法挣脱的孤寂包裹时，请咬牙关掉手机，躺在床上，数着心跳去熬。

一定要熬。不要因为急于脱身而随便找个看起来还不错的人，将自己全部的核心掏出来。

这些年我一直有个行为准则：绝不在深夜跟极其亲密的人之外的人聊天，不管是面对面还是隔着网络。一是因为我知道人都有窥探欲和倾诉欲，在深夜，这两种欲望都会格外蓬勃。我不想窥探他人，也不想被他人窥探，所以我保持沉默。二是人有同化他人的本能。当你幸福时，你希望身边人都跟你一样幸福。当你痛苦时，你希望身边人都跟你一样痛苦。听起来很怪异，但人毕竟总喜欢跟像自己的人待在一起。能找到固然好，找不到，那就把对方变得像自己。所谓的抱团取暖，就源自这里。可这事，毕竟对他人不公平。

我是付出沉重的代价才明白这些的。很久以前，我有个很好的朋友，早在他在那个深夜将内心深处的秘密告诉我前，我就知道他是个有故事的男同学。那天晚上我跟他面对面坐着，他在喝啤酒，我在喝饮料，午夜他把一根烟点燃，当时看到他下沉的嘴角，我就知道他要讲述他自己了。

时至今日，我仍觉得自己应该在那个瞬间阻止他，因为他的过往跟我没关系，他的核心跟我没关系，我只是想跟他做朋友。但我没有，于是他很顺利地跟我说了他自己，还流了几滴眼泪。

那晚过后，我们的友情完了。我没有因为彻底洞察了他而对他更真诚，他也没有因为向我袒露了他自己而觉得我从此是他的铁哥们。之后我们处于一种特别尴尬的境地中：他觉得我会怜悯他，我迫切地想证明我没有怜悯他，但我越小心翼翼，在他眼里就越是对他怜悯。于是后来，我们渐行渐远。彻底分开前，我们甚至都没说声再见。

我确实是个好的倾听者，假如你是我的朋友，你可以跟我分享你所有的心情和想法，我坐得住，也可以给你非常得体的反馈。但我不愿倾听他人的核心，因为我绝不会拿我的核心来交换。这也是为什么，当有些人不征求我的意见跟我讲述完他自己，开口问我的过去时，我只能抱歉说一句：不好意思，我不能跟你说。这会让人产生一种不被信任的感觉，尽管那不是我刻意造成的。

在那些深夜向我独白的人中，除了那位身患重病恳求我尽快出书他要买一本的哥们外，其他大多数人，我其实无法给出任何帮助。你失恋了，陷入求而不得的痛苦中，我除了程序般给你灌两口鸡汤，让你在深夜听到两声微信消息提示音聊以安慰外，并不能帮你走出来；你童年悲惨，摆脱不了原生家庭，我除了鼓励你独立自主，尽快远离，并没办法给你任何可行的建议；你给我发不合适的照片，说要听我的声音，我除了立刻删除聊天记录，告诉你我没看也没存让你今后不要心存阴影，也没办法告诉你如何控制自己的欲望和绝望；你写几千字向我表达倾慕之情，我除了鼓励你好好学习天天向上，也不可能会跟你有任何暧昧。

我不认为你们的所作所为有任何不堪之处，但我想说，你们出于种种原因捧着一堆隐秘的东西在夜晚找我，对我们彼此都不公平。换成除我以外的人，也不公平。我不是一个树洞，没有空心处来存放他人的痛苦和寂寞；你也不是那个知道"皇帝长了驴耳朵"的理发匠，需要一个地方保存秘密。我不会因为你跟我讲述了自己，就觉得自己身披圣光，可以拯救世人，因为我知道你不过是碰巧找到了我。你也不会因为跟我讲述了自己，就可以在第二天清晨，满血复活。这事的不合理之处就在于，你浪费了你的时间和那些虽然隐秘但可以促使你迅速成长的核心，我则被迫承受原本不需要承受的负能量和因无法给予他人帮助而产生的愧疚。

倾诉确实可以获得幸福感，尤其是在极度痛苦、寂寞的情境中，但我认为倾诉的对象要么是可以给你足够的爱，不会让你在倾诉后觉得羞愧的人，要么就是专业的倾听者，比如心理医生。我显然两者都不是。你身边的人，你微信中的大多数好友，也不是。所以，我总建议那些深夜难以入睡，到处想找人倾诉的人，准备一个本子和一支笔，将所有想说的都写下来。倒不是因为写下来你就轻松了，而是我知道，天天玩手机的你，手写了五百个汉字后，大概就会想睡了。

找到一个完美的树洞是一件令人安心的事，随用随走，不用负责。但你有没有想过，万一你挑选的树洞里，有条蛇，该怎么办？

你跟人讲述你最不堪的过往和最痛苦的现在，跟人释放你难以抑制的欲望和绝望，一旦你选择的人是别有用心者，他几乎可以毫不费力地利用你的讲述彻底进入你、利用你，而你不但难以察觉，甚至会觉得，终于在这浩瀚人世找到了一丝缥缈的安慰。我从来不会跟人讲学会控制情绪这种片儿汤话，我只会说，任何东西，哪怕看似毫无价值，一旦你拥有过多，也一定会被需要那些东西的人盯上。

你以为你的痛苦没价值，但如果我是个窥探欲极盛者，我一定会引导你越说越多。你以为你的悲伤没价值，但如果我是个滥情者，我利用你的悲伤用一句"抱抱"，就可以让你感觉到温暖乃至于爱。一个简单的例子是，"圣母"之所以容易被利用，从来不是因为他们满怀的爱，而是他们会因害怕伤害他人而感到痛苦。也恰恰是无数种看似无价值的痛苦，让无数人癫狂，让无数人因被人利用而陷入更大的痛苦。

我不是一个冷漠的人，不仅不冷漠，反而还因自身经历太多，更容易感知他人的生活，并对几乎每一个出现在我生命里的生命有极强的同理心。这是种祝福，因为我可以坐着不动就体验到不同的生活；也是种诅咒，因为我很容易对他人的喜乐悲欢感同身受，令自己情绪波动。我知道，深夜寻人倾诉的人，都是出于种种原因而没照看好自己的人，但我希望承受了惩罚后的你们，可以咬牙挺过去，不要再次失误，不要再让自己羞愧，不要再让他人承受不必要的负面情绪，也不要让自己再次被利用、被伤害。这很难，但能怎么办呢？

在这个世界上，你的敌人和你的朋友，本来最终就只有你自己。乏味的生活、难预料的意外、无止境的漫漫长夜、抛不下的过去、看不透的未来……所有所有的一切，最终只能靠你自己沉入缓慢蠕动的时间长河里泅渡过去，谁也救不了你，也没谁有空去救你。

我很愿意祝福你以后能拥有一个专属于你的某某，他可以给你足够的爱，可以不管发生什么都陪在你身边，可以让你不在意自己身上的污点和痛苦，只一心向美好靠近。

但在此之前，请不要在晚上十点以后，随便找个人掏出自己的核心。

我是铁打的吕不同，你们是流水的观众，我欢迎你们跟我交流有趣的、无趣的、正经的、解构的、沉重的、轻快的等所有一切，但不包括你们的核心，也不包括那些出于寂寞才掏出来的部分。我不是在请求谁，也不是在指责谁，而是在讲一个成年人活在这个世上的基本规则。它很冰冷，但你终要学会。我感谢你们一直以来对我的信任和支持，也感谢那些天真的姑娘认为我是这世间美好的一部分，但很抱歉，时间一到晚上，我也得去收拾过去没照看好的那一部分自己，去收拾那些无处言说的痛苦和难以挣脱的孤寂，剩下能给你们的，就只有一句非常苍白但无比真诚的话。

晚安。

我曾差点
改变世界

——

能不能用一点点手段,
让一些事情恢复它原本该有的样子。

十年前,我刚辍学,南下晃了半年,年底回家接着晃。爸爸看我人高马大一身力气,却成天无所事事晃来晃去,愁得睡不着觉。后来他得知春运期间去镇上开摩的能赚钱,就买了一辆二手摩托车推到我面前,说:祖宗,你去赚点钱。我一愣,说:赚钱干吗?

爸爸被我问愣了,显然他虽然赚了大半辈子钱,但从没思考过"赚钱为了什么"这个哲学问题。他看着我,想了半天,最后无力地说:祖宗,你就去赚,其他的事,再说。看着他递过来的钥匙,我心里万分不愿意。那时我年轻得像盛夏时节的天空,除了改变世界的事能让我有点兴趣,其他事在我眼里一概是浪费时间。我不想接,但我怕他当场崩溃,然后满地打滚,只能点点头,接过车钥匙。

做摩的司机前,我非常讨厌一下车就被苍蝇一样的摩的司机呼啦一下团团围住。每逢那样的时刻,我总感觉自己像一条臭掉的鱼。更讨厌的是,那帮人总是一副跟你很熟的样子,不问你是谁,不问你来自何方,直接抓住你的行李或胳膊就问你要去哪里。其表情之凶狠,拉人力道之巨大,常常会让你担心一旦回答不好,便会被就地正法。

我相信世上同样讨厌这事的人有很多,但其中很大一部分,只在没有打摩的需求时才会对其心生厌恶,哪天碰巧有需求,往往会懒得多迈几步,选一辆近的就坐上去。跟他们不同,我的讨厌不以任何事物为转移。我讨厌被摩的司机团团围住,纵使哪天天降大雨,我迫切地需要一辆摩的,也一定会多走几步,找一辆停在人群边缘的车。每次那样做,我总觉得是在对这个世界宣示某种态度。

成为摩的司机第一天,我暗暗发下毒誓,绝不成为自己曾经讨厌的人。我希望自己是一个光荣的、干净的、为广大人民群众解决最后几公里出行问题的摩的司机。我必不争、不抢,对每一个客人回以微笑,并收住想飙车的心,把身后的每一个客人平稳地送抵目的地。结果,头三天,我一个客人也没拉到。在镇上的十字路口,我和我的摩托车像两块石头一样淋了三天冬雨。第四天,我慌了,担心再这样下去,连摩托车都得赔掉。而且事情发展到这一步,已经无关赚钱,关乎我的尊严。我怎么也不愿承认,自己连当个摩的司机都不如别人。第七天,我没钱加油,让爸爸再提供点项目启动资金。他一脸绝望地说:祖宗,你不会连开摩托车赚钱都不会吧?我拍拍他的肩说:你别急,再给我个机会,相信我,我能赚到钱。

第八天,我依然不争不抢,但会更往前,试图捡几条漏网之鱼。所谓向人群前进一小步,就是赚钱的一大步。我成功拉到一个到镇上赶集的中年大叔。那是一趟长途,刨去油钱和时间成本,我大概能赚十五块。路途的开始,大叔和我聊过年的事,聊镇上人太多,小商小贩涨价太狠。车走到半路,他突然问我:你年纪这么小,怎么会出来当摩的司机?

那一瞬间,我知道,改变世界的机会来了。我稳住油门,叹了口气,说:没办法,家里太难了。大叔关切地问:怎么了?我摇摇头,停顿三十秒,声泪俱下地编了个故事。故事的梗概是:我本是一名前途无量的高中生,名牌大学乃囊中之物。谁料天有不测风云,人有旦夕祸福。我正好好学习天天向上,开摩的养家的父亲突然身患重病,从此卧床不起。母亲不得已,扛起养家糊口的重担,每年南下打工。我的学业受了影响,成绩一落千丈,加上后来家里实在经济困难,无奈辍学。之后我便接过父亲留下来的这辆摩托车,成了一个摩的司机,想着赚点钱给父亲买药吃,减轻母亲的负担。

那天,我动情的讲述让大叔连连叹气。到了目的地,大叔下车打量我坚毅的脸庞,满脸心疼地给了我比市价高十块的价钱和两个苹果。他多给的十块钱我没要,只接过两个苹果,回来的路上我吃了一个,剩下的一个拿回家,递给我爸。我爸说:哪来的?我说:你该得的。他说:什么意思?我说:你就吃,以后苹果多的是。

靠这个故事,我成了一个不争不抢但依然生意火爆的摩的司机。每一个坐过我车、听过我讲故事的人,第二次再来镇上,一且有打摩的的需求，一定会穿过人群向我走来。我爸不知道我说他身患重病的事，每天看到我回家数钱，乐得跟看到他儿子光宗耀祖了似的，不停教育我说：别看这些钱不多，但只要去赚，就是好汉，年轻人不能怕吃苦，怕吃苦啥事都干不成。我连连点头称是，心里想的却是：老吕，你也别怪我诅咒你，我只是想试试，能不能不争不抢也赚到钱；能不能用一点点手段，让一些事情恢复它原本该有的样子。

我无数次听见人们抱怨摩的司机围得太紧，但我从来没见过有人会去打一辆人群之外的车。我想给他们点动力。

到春运高峰，我成了镇上有名的摩的小帅哥。听过我故事的人已经很多，那些人每次来镇上，一旦目光与我接触，总会如同正在经受人性的审判和道德的质询，身不由己地向我走来。同行大叔们很疑惑，为什么我每天像块石头一样停在十字路口，也总能拉到客。有时他们已经把客人拉到车上，我一来，冲那人一点头，那人就会跟触了电似的跳下来，跑到我的车上。

大叔们不时问我：你小子是不是跟镇上每个人都熟？我点头说：对，都是朋友，五湖四海都是我朋友。每当我这样回答，大叔们总会狐疑地看我一眼，说：真的假的？

那段时间我激情四溢，每天天还没亮就从床上爬起来，吃完妈妈准备的早餐就跳上摩托车往镇上赶。我觉得自己已经不单单是一个摩的司机，在头盔和雨衣的下面，还藏着一个正在一点点改变一些事情的年轻人。

同行大叔们误解了我生意火爆的原因，他们觉得人们之所以愿意坐我的车，是厌烦了围上去吆喝的摩的司机。之前，每当有客车在十字路口停下，我总是一个人停在原地。后来就有了两个、三个、四个。再后来就越来越多。但好景不长，大叔们很快发现，哪怕他们跟我一样不争不抢，人们还是一样，该坐我的坐我的，我不在的时候，谁靠得最近就坐谁的。在一片停得整齐的摩的司机中，突然有一天，有一个摩的司机带头蹿出去拉走一个客人，其他人便会迅速一拥而上，恢复之前的苍蝇行径。我站在一旁，眼见事情恢复原样，想着：我得跟他们聊聊，聊聊体面赚钱这件事。

一个下雪的日子，天气寒冷，省道被封。我和一帮开摩的的大叔在十字路口无所事事，有人抽了很多根烟后收工回家，剩下的人到了下午三点，冷得实在受不了，跑到马路下方的田里烧了堆野火。我先是在马路上站了一会儿,等火烧到最大最旺,才跳下去挤到他们中间。我一人发了根烟,说大叔好。大叔们接过烟,盘问我一天到底能赚多少钱。我说:不多,跟你们差不多。大叔们说:你小子到底为什么能生意这么好?我一激动,把改变世界的野心拿了出来。我叼着烟说:你们啊,就不应该去拉人家的手和行李,人家真要坐你的车,自然会坐,你价钱公道,骑车稳,回头客自然多。他们哈哈一笑,说:不宰客哪里赚得到钱,现在汽油都涨价了。我说:也能赚到吧,我起步价比你们还低一块呢。他们摇摇头,不吭声,闷头烤火。

那天收工回家的路上,我开得很快,寒风从耳边呼啸而过。我想明天应该能看到一个我想看到的十字路口。在那个十字路口上,每一个摩的司机都有去服务人的样子,都心满意足地守在属于自己的位置上,不会不要命地去别大巴车,只为离车门近十厘米;不会再哗啦一下围上去吓哭一些不明情况的小孩。每一个有打摩的需求的人,也能凭自己的心情和喜好选择要坐哪辆车,不会再被坐地起价,强拉强载。从此再也听不到顾客被司机打或者司机被顾客打的人间悲剧。

第二天一大早,我赶到镇上的十字路口。大叔们如往常一样比我早到一步。他们停成整齐的一排,看到我来,纷纷在雾气中对我点头致意。我骑到属于我的位置,熄了火,点了根烟,抬头看东方已经发白的天空,搓着手想为什么今天他们会对我点头致意。我想了一个小时,没想明白。一个小时后,我从马路旁边的山上嘘嘘归来,看见我的摩托车倒在地上,轮胎干瘪,反光镜不翼而飞,突然就明白了。我不光明白了他们为什么要对我点头致意,还明白了为什么这世上很多事,总长着一副令人讨厌的样子。

我走下山,扶起摩托车,什么也没说。一旁几个大叔表情漠然地看着我。我知道他们在等我崩溃发问,问他们这事到底是谁干的,然后他们就会微笑着说:不知道,知道也不能告诉你。他们表情漠然是在等待一个机会,一个咬牙切齿来告诉我这世界本来面目的机会。可我怎么可能会崩溃给人看,我怎么可能会让别人有机会来告诉我这世界的本来面目?那天太阳迟迟未出,我沉默着推车朝家里走。

快到家时,我终于允许委屈爬到脸上。我不觉得自己被某一个具体的人欺负了,只觉得自己被巨大的失望紧紧包裹住了。而且，我实在不知道，我到底要如何跟我爸解释，摩托车怎么就被人砸了。我到底要如何才能让他相信，我谁也没惹，谁也没得罪，但事情就是变成了现在这个样子。

后来，我再也没有碰过摩的。因为我想用正确的方式，走进这个世界。

终结
愚蠢荒谬的人生

———

我对天发誓我从来都知道

哪些事是对的,哪些事是错的。

我写这篇文章有点像一头老老实实犁田的牛，突然在某个晴朗的傍晚发了狂，甩掉屁股后的犁和鼻子上的绳，从田里一跃而起，沿着山脚下的路一直狂奔。毫无疑问，它奔完后会被拉回来继续犁田，还会被狠狠地抽上几鞭，饿上一整夜。但撒蹄狂奔的这个傍晚，对于一头牛而言，无疑值得用余生仔细回想。

事情是这样的，昨晚我走进浴室，莫名地想：这世上有没有笨蛋会用热水烫自己？想着想着，我和衣站在花洒下，仰起一张猪脸，盯着花洒上的细孔，抬手把水龙头拧到烫的那一边。江湖中失传已久的"暴雨梨花针"倾泻而下，一瞬间，我确定了自己是个蠢货。

在过去，如果有人问我：如何用一个字概括已经花掉的人生？自恋的我毫不犹豫会用一个"帅"字。但如果是此刻有人来问我，我会特别坦诚地用一个"蠢"字。要一个人承认自己是个蠢货很难，毕竟人都有尊严，不允许别人不花钱就来践踏，也不允许自我践踏。我不知道你们何时才能意识到自己是个蠢货，反正我现在回想过去二十多年的人生，简直就是被一个"蠢"字生生贯穿。

我对天发誓我从来都知道哪些事是对的，哪些事是错的，可一到抉择关头，我总会选择错的一边。小时候我就不能听大人说火是烫的，只要他们一说，三天内我准会被烫一次；也不能听好好学习天天向上这种话，一听就五脏六腑都会被叛逆之火点燃。幸好那时没人对我说人不能跳楼，否则后果简直不堪设想。长大后情况也没有好转，每天醒来都想不要过日复一日的日子，每天醒来都在想，结果日子就这样日复一日过去；天天念叨坚持自我，坚持自我，结果连发个朋友圈也仔细斟酌；也知道想不被世界轻视，就自己重视自己，拼命学习，努力奋斗，结果宏愿总被雨打风吹去。有时雨没打，风没吹，宏愿也去得干净利索。

很长一段时间，我以为全世界就我一个蠢货。我觉得，要在世上找出另一个像我一样蠢的人，跟要在世上找出另一个像我一样帅的人一样难。直到后来，我惊喜地发现，这世上跟我一样帅的人没有，但跟我一样蠢的人到处都是。说句不负责任的话，我打心底认为人类是一种愚蠢的生物。我知道这话会引起其他人类不满，可其他人类越不满，就越证明人类是种愚蠢的生物，因为他们甚至愚蠢到不能接受一个人说人类是蠢货，仿佛只要接受这个说法，下一秒宇宙就会灰飞烟灭。不仅如此，人类不能接受的事简直就跟人类本身一样多，这就更显人类的愚蠢。

活到二十六岁，我已经过了非要骂人才痛快的阶段。我说人类是种愚蠢的生物，就只是想提出一个建议，建议每一个人都尽早认识到自己是个蠢货这个事实。唯有如此，当我们回首人生或正视现在时，才能对那些百思不得其解的事，求出一个最终解。否则，我们的人生除了大解和小解，简直没有解。

就像此刻，我一边写文章一边抽烟。我完全不知道我为什么要抽烟，烟就在那里，我顺手一摸，便叼在嘴上。吸烟有害健康，三岁孩子都知道。可三岁孩子不知道为什么会有很多人把一件有害身体的事持续干下去,直到死。别说三岁孩子,关于这个问题,很多大人也搞不太明白。不然哪来那么多熬夜死、喝酒死、失恋死、过劳死?

另一件我始终坚信的事,是任何时间任何地点找任何人问你要过什么样的生活,都能得到头头是道、感天动地的回答。那些回答有时甚至真诚美妙到会让你产生幻觉。你会觉得他口中的生活才是生活,自己过的日子只能算没死。但你也别急着去死,我敢打包票,那帮说要把生活过得如何如何的人,也跟你一样,一转身就走进了只能算没死的日子。人为什么要伤害自己的身体?这事没有答案,只能说有些人就是蠢。人为什么知道什么样的生活才是好的生活,却就是不去过?这事也没有答案,也只能说有些人就是蠢。一两个人蠢,不值得我撒蹄狂奔,但所有蠢货集合到一起又分开,使得蠢的症状到处传染,我就会莫名愤怒。

几天前有人问我:不同,我坚持不了健身怎么办?在过去,我可能会耐心给出建议,关于时间规划、生活计划之类,顺便装出一副我很懂你的样子,告诉他懒是人类的通病,克服懒则是人类应该有的神性。然后他说谢谢,我说不客气。如此这般,成功挥霍掉再也不会回来的十分钟。但那天我没有,我只对他说:坚持不了就别坚持。我知道这话很不给面子,但在我看来,不管是健身还是其他事,坚持不了就别坚持。

假如说懒是一种病,坚持无疑也是一种病。

我从来不认为一个人做成一件事是坚持出来的,坚持就只是在事做成以后,为了给自己更多精神奖励而给出的一种说法。我曾说我坚持了十年写作,但我没说的是,这十年写作,带给我的快感和幸福感,比得上全世界的姑娘都对我青眼有加。

很多事都是如此,一个成年人,唯一需要挑战的就是生活本身。其他很多事,你不想干,何必去干。健身可以让身体健康,多喝水和多吃蔬菜也能让身体健康;健身能提升人的气质,看书和写作也能提升人的气质;健身可以让异性更喜欢,有钱也可以。这世上有很多手段都能达成一样的目的,你何必在无数种手段里挑一个自己最不擅长的?一个全是胖子的世界固然油腻,但一个所有人都健身的世界——那健身还有什么用?

还有人问我,喜欢的人结婚了怎么办?我直言相告:拉黑。他说:不发个红包什么的吗?我说:都是成年人,就别矫情了,你内心深处根本就没想发这个红包，人家也没那么想要你的红包，你拉黑前说句祝你幸福，就只是想展现自己的风度，把事情尽可能搞得悲壮。这事的意义就跟电视剧里男女主角分手时要人工降雨一样，完全是为了烘托气氛，自我感动。真惨的话，何须降雨，痛苦的人在万里无云的晴天，更容易无语凝噎。

更何况，世上无疾而终的感情多得像世间的蠢货。多年后，你倒是还记得人家掌心的痣在哪里，人家兴许早把痣给点了。很多事，你记得，就只是想记得而已；很多人，你爱着，就只是因为你不知道除了爱着，还能干点别的什么。但不管是记得还是爱着，你迟早也会忘，迟早也会找另一个人继续爱着。那已无年少可趁的你，唯一能做的，就是趁早。人生里，祝福谁，真不如祝福自己。

我还能说很多人类做出来的蠢事，但我不想再说了。因为所有蠢事，蠢的原因都在于明知蠢却还非要蠢，明知一切可以尽可能简单，但就是会不可阻挡地变复杂。根据书上写的，老人教的，世间很多事，就跟冬天要不要穿秋裤一样，想穿就穿，不想穿那就冷死也不穿。可在人生的大多数时刻，你从床上爬起来，拎起一条秋裤，却会突然愣住，然后从要不要听妈妈的话想到宇宙的诞生。我说自己过去的人生被一个"蠢"字贯穿,并不是因为被热水烫了脸,而是我曾有过无数次冲动时刻,无数次想撒蹄狂奔的时刻,却总因身后的鞭子和从小到大其他牛所说的牛应该怎样活着的说辞而放弃。

比如遇到"杠精"时,我掏心掏肺想把有生以来会的所有脏话全送出去,但一想到人要有修养,人不能恃强凌弱,人不能欺负智力障碍人士,我就只能忍着。其实,我骂了又怎样呢?我就像他侮辱我祖宗一样侮辱他祖宗又怎样呢?他祖宗难不成真会午夜十二点找我谈心不成?我确信我不会因此立刻变成一个没修养的人,只会因此而成为一个小爽人。我一点都不担心自己会变成自己所讨厌的人,因为我根本就没有讨厌的人。我唯一讨厌的,就只是一些人的行为。

比如我还想留一次长发,看看自己扎个冲天辫的样子有多滑稽。可一想到男人留长发显得脏、显得怪,就生生剪了二十六年的短发。二十六年,多么漫长的一段时光啊。成千上万个日夜里,我内心深处留长发的冲动,就跟头发的生长一样,从未停歇。其实,我留了又怎样呢?我长发及腰,又不要你撩,脏就脏点，怪就怪点，我每天照样开开心心活蹦乱跳，你看不惯你给老子忍着。

比如前段时间去买衣服，试衣服的时候我突然想，这衣服真好看吗？怎么它就好看了呢？怎么别的就不好看了呢？全世界七十亿人，也没见统一过审美，怎么我就从小到大要被规定穿什么衣服，配什么裤子和鞋子？我从喇叭裤穿到紧身裤，从紧身裤穿到休闲裤，从休闲裤穿到西裤，看起来每一块布都是我自己买的，但天知道，其实我从来没有决定过自己要穿什么，不穿什么。我无数次想挑个好天气，拿根绳子捆床被子在身上，然后上街游荡。要是有人来问我：你是不是神经病啊？我就微笑着说：你知道吗，其实你这一身，比我还怪。

比如我很想睡在地上，把一个房间的地面全弄成床，每天晚上进门时就脱个精光，像条鱼一样跃进房间，然后滚啊滚，滚啊滚，滚到哪儿就在哪儿睡着。我从小就担心床底下藏着一窝蛇，它们一等我睡着就会爬上来和我同床共枕。如果睡在地上，这种担心就不存在了。而且以我这德行，真找个姑娘成家了，什么床板都没地板耐用。但我从来就没实现过这个夙愿，每次不管换哪个房间，只要我说：把床铺在地上。总有人说：傻啊，哪个人睡地上？然后，哐，一张傻呵呵的床出现在屋子中央。

还有很多既不违法也不违反公序良俗的冲动，它们无时无刻不在我胸中翻腾，但从未有过向现实倾泻的机会。我知道，我所说的冲动会被人解读为，是不是因为你叫吕不同，所以你才凡事想彰显自己的不同。在过去，我可能会用心解释说，亲爱的，不是你想的那样，而是因为什么，所以我才什么。但现在，我却只想说，对，就因为我叫不同，所以我才要凡事都不同。那又怎么了呢？我就承认了，就不要脸了，又怎么了呢？我会因此而吃不上晚饭吗？

写作这些年，有很多读者说：虽然你一再掩饰，但你的文章里总隐含一股戾气。这曾困扰我很久，我觉我从来都是写我的一腔柔肠，那点微不足道的戾气，就只为了证明我一腔柔肠存在的合理性。有很长一段时间，我试图去除文章中的戾气，但说实话，我真的真的很不喜欢这个凡事都有要求的世界。我早就发现，这个世界并不如我们想象的那样负责，它从来只告诉你，你应该变成什么样子。一旦你真变成了什么样子，世界一转身，又会说，你错了，你其实应该是那个样子。

文青、愤青、公知、知识分子、专家、艺术家、诗人……都曾风靡。但当一部分人，他们抱着极大的误解而不是极大的热忱去成为他们后，又会被这个世界转瞬间残忍抛弃。谁要成为谁想象的样子，但谁又不是在成为别人所想象的样子？我曾矢志不做新媒体排版，爱看不看，不看你取关，但终归还是忍不住学了别人排版。我以为这是尽头，后来又有人建议，你多写故事，少写看法；多加图片，少写文字……我倒是凡事都可以学，可问题是，万一哪天，新媒体写作不流行了，我又如何回到纯文本中去，回到我最自在的写作状态中去？

我手持键盘，一身戾气，但戾气又不代表我没有正气。不管是生活中还是文字里，我从来不曾建议任何人去持刀伤人、上街碰瓷、随地大小便，怎么就连点戾气都不允许有了？其实，如果包括我在内的所有蠢货都蠢出特色、蠢出性格，我也会觉得有趣。但如今，放眼望去，这是怎样一个雷同的世界啊！如果人的生活也有版权，那每个蠢货都要向另一个蠢货交税。我知道蠢出特色的人依然存在，蠢出性格的人依然存在，但他们从来就不受人关注，他们一受人关注，也就意味着有一大批蠢货要去模仿。

很多年前，我看过一部关于猴子的纪录片。有那么一只猴子,突然有一天,不吃东西,不娱乐,坐在草坪上发呆。解说说,这只猴子今天很不爽。当时我就觉得,我不如一只猴子。我很久没因为什么事而不爽了,我天天心情不好,但我就是不敢不爽,不敢坐在草坪上,拿个屁股对着这个世界。面对任何不爽的事,我能找出一千万个理由来证明它的合理性,化不爽为郁闷。最终一切都变得理所应当,不可更改,只有我自己像个累赘。

我不认为我能跳出一些流传千古的骗局和人生中必然要经历的愚蠢,但我很想在某个晴朗的傍晚,对一些事表示我的质疑,问一句:凭什么?尽管我的问题可能很傻,尽管问完后,我还是会睡床上,不留长发,不对人骂脏话,不敢裹床被子上街游荡。但兴许,经我这么一问,很多看似理所应当的事,突然就显出荒谬的底色。

荒谬是人生的底色,它不源自人的自我欺骗,而源自人发现自身弱点后油然而生的自我安慰。这种安慰在人和人的弱点间建起一堵墙,让人获得喘息的机会,让人把丧失勇气篡改为不得已,把庸俗和恶俗美化成生活本身,把愚蠢的行径解构成虚无主义。去掉这堵墙,你就能看到,无数人,从未试图动用自己的灵魂去热爱一样事物,从未想着向内心深处的自己伸出手。

我不认为所有低头犁田的牛都是不幸的，我只是觉得，如果有一头牛，它踩尽前牛的蹄印，突然在某天晚上，嚼着草仰望星空，泪流满面，那它就应该也必须在余生中挑一个晴朗的傍晚，去把自己的蹄印，留在一个前牛未曾到达的地方。也只有留下那样一个蹄印，一头牛，才能结结实实终结掉一生的愚蠢和荒谬。

**此文
禁止阅读**

——

世上每一道栏杆

都出于对人的不信任。

你看,你就是不听话。不仅不听话,而且翻开这本书,你在目录里一眼看到这个标题,第一反应绝不是避开这篇文章,而是直奔这里。你想搞清楚,为什么这篇文章禁止阅读,尽管你也搞不清楚你为什么要搞清楚。类似的例子还有"千万不要幻想屋子里有一头粉色的大象"。这句话看似禁止,实则是一种提醒。很多容易焦虑的人甚至会被这句简单的话折磨疯掉:你越是不让自己去想一头粉色的大象,那头粉色的大象越是会在你脑海里漂浮不止。

这些年我一直认为,世上每一道栏杆都出于对人的不信任。

人能接受这种不信任。但如果栏杆上挂有禁止翻越的提示牌,却会让人不由自主地想:这里一定经常有人翻,进而想:那我也可以翻。几天前,我为了吃一串豆腐跑到市里,路过一条巷子时,看到墙上写了六个大字:此处禁止小便。我一愣,小腹一阵温热,突然有了尿意。看到那六个字前,别说随地小便的想法,我连尿意都没有。看到禁止什么,就会想做什么,是我从小到大始终没能痊愈的顽疾。

我讨厌"禁止"这两个字,它总容易让我产生"假如老子做了,那你又能拿我怎样"的冲动。你对我说人应该不要随地小便,我会表示赞同。但你非要告诉我,人禁止随地小便,我就会想,我尿了会死还是怎样——这简直是在提醒我若此时此地没人,我便可以小便。

禁止会激发我的逆反心。逆反这事,说难听点是犯贱,说好听点是不信邪。但究竟是犯贱还是不信邪,很多时候并不取决于逆反程度,只取决于世间有些事,到底该不该禁止,到底该何时禁止。

不该禁止的事,禁止即是提醒。像某个世界级工厂,绝不会在自家厂房楼顶写上：禁止跳楼。而禁止无效的事，用简单的一块牌子挂在那里，不过是把错误导向另一个地方。就像一条常被倒垃圾的小巷，在小巷入口挂一个禁止倒垃圾的牌子，最终不过是把垃圾导向另一条小巷。正确的做法应该是在一个合适的地方放一个垃圾桶。

如果我没记错，我小时候闯过最大的祸，是在自家猪栏里纵火。那天爸爸杀完被烧坏的猪，把我揍得半死后，绝望地问：崽，你为什么要用打火机烧猪栏里的柴？我吓坏了，不吭声。过了很久我才意识到，那个下午我之所以用打火机烧猪栏，是因为之前有次我在玩打火机时，爸爸突然没头没脑地说：你点点鞭炮可以，千万不能到猪栏里点柴。这句话当时就把我弄疯了。那天晚上，我躺在床上，辗转反侧，翻来覆去，满脑子都是"不能用打火机去猪栏点柴"。第二天，我就点了。

讲道理的话，这事怪我，因为火确实是我放的。更讲道理一点，这事还是得怪我爸。不是他，我根本不会想到猪栏里有堆柴很好烧，一点就着。事实上，要不是我爸一直显得智商不高，我甚至会怀疑，他是因为每天被我妈勒令去喂猪，于是对猪心生恨意，便以禁止为名义，对我进行刻意提醒。最终完成借刀杀猪的"宏伟计划"。

世间很多事都是如此。以禁止的方式试图阻碍成长，往往会揠苗助长。对人对事都往坏处想，然后为了消除潜在风险和变坏的可能性去提前禁止，有时恰是把人和事往坏处推。而不愿接受质疑的，往往会受到更多质疑。不允许反驳的，往往会勾起人反驳的欲望。被压抑的终会反弹，被掩盖的终会爆发。甚至，很多事，明明是好事，一旦禁止就会显出事情的反面来，好事最后也就成了坏事。实际上，除了法律条文中写定的禁止，社会针对群体的禁止，群体针对个体的禁止，大多数都源于懒惰和想当然。懒惰是，我们以为一块牌子就能使人改变行为；想当然是，我们认为任何事，只要写上禁止，就能让人望而却步。这种拍脑袋的行为，自然会导致更多拍胸脯的冲动。

对于青春期孩子而言，逆反是成长之路的必经阶段，源于建立自我、挑战权威的本能。对于一个社会而言，逆反的背后，必然隐藏不合理的现象和想象。按心理学定义，逆反是人们彼此之间为维护自尊，对对方的要求采取相反的态度和行为。

  所以，很多时候，问题不是你明明看到这篇文章禁止阅读却偏要阅读，而是我为什么要用这样一个不理性甚至是不负责任的标题来吸引你阅读。

  在现实生活中，当一个人无视禁止，采取不理性的行为以维护自尊时，我们要考虑的不是如何使那块禁止的牌子更深入人心、更显而易见，而是要想，那个人的自尊，究竟是在何时何地，受到了伤害。

在
朋友圈里
伪装自己

——

我并不觉得

这种伪装有停止的必要。

我的微信目前有五个标签：

一个标签是家人，里面有爸爸妈妈哥哥姐姐弟弟妹妹等数十人。逢年过节需要群发祝福，或是转一些辟谣链接，这个标签就会派上用场。

一个标签是知乎，里面待着十多个知乎大V。这个标签唯一的作用就是知乎闹什么幺蛾子时，用来表明我的态度，显得我好像也很关心。

一个标签是前任，里面待着环肥燕瘦各色姑娘。这个标签的作用比较广泛，当我从一万张照片里找出一张帅照时，当我发励志鸡汤时，当我获得一点微小的成就时，标签里的人都会被我放出来当观众。

一个标签是爷,里面待着过去的老板和主管。这个标签过去的作用是每次领工资或奖金时,用来拍老板的马屁,展示我的感恩戴德。如今这个标签名完全可以改成孙子,因为现在我的生活里已经没有爷,唯一的爷就是生活本身。

还有一个标签是无标签,里面待着很多不知来路不知去向的陌生人和部分算是熟悉的朋友。这部分人大多数时候能看到我所有动态,但这所有动态也不是完整的我,而是经过挑选和加工后的我。

几天前有人问我:怎样才能知道自己是个怎样的人?

我说:你爱刷朋友圈吗?

他说:还行。

我说:简单粗暴地看,你朋友圈分了多少组,就说明你现在的生活被分成了多少部分,你把那些部分组合在一起,真实的你,也就差不多拼凑出来了。

他说:这么神奇?

我说:对,就是这么神奇。

每个用心体验过生活的人都知道,在这世上活着,要活得更好,有两个基本的规则需要遵守。一个是**不能干与自己身份不符的事**。比如你是个学生,那就不能天天吃喝玩乐、聊爱情与性,哪怕你确实很想很渴望。一个是**在不同的人面前,你得表现出不同的样子**。你可以认为这是虚伪,但无论是谁,真实的自己往往连他本人都看不下去。通常会冒犯自己的举止也会冒犯别人,所以有些虚伪是必要的虚伪,而必要的虚伪简直就是修养之一。

我个人视这两个规则为"伪装",因为它们的本质都是隐藏真实的自我。只是这种伪装与朋友圈里的自我伪装不同,这种伪装由真实可见的外界压力导致,朋友圈里的伪装却往往源于自我审查。你分组也好,发朋友圈也好,从来都没人来干扰你,也没人要求你应该如何展示自己。是你觉得,你的某一部分,不能让这一部分人看到;是你觉得,你的某一部分,应该让另一部分人看到。

这也是为什么每次在发朋友圈勾选分组时,我总能真切地感到自己正在分裂自己。我知道我没那么多观众,某个分组里的人对我想展示的那一部分也可能没兴趣,但就是没办法停下。有一次,我把朋友圈删到只剩一条,以为事情可以就此结束。但很快有人来问，越来越多的人来问：不同，你是不是把我屏蔽了？那一瞬间，我就知道，自我伪装一旦开始，便没有尽头。

很多人加上我微信后，第一句话通常是说：稍等，我先看看你的朋友圈。每次看到这种话我都不知该如何回复。我不能告诉他，我朋友圈里无论是转的文章还是相片和文字，都是一次性的，都是我在进行自我区分后丢出来给人看的一部分。它们并不是我真正认为有趣的事物，只能算我认为别人会感兴趣的事物。

就像大多数人转在朋友圈里的文章，唯一目的是用来向外展示自己的价值观、态度和品位。达到目的后，那个链接他不会再点开，甚至可能三天后就忘了那篇文章写的是什么。

我们从来不会把完整真实的自己放在朋友圈里，那为什么还会有人觉得在朋友圈里能见到朋友？

大多数人的微信里都混杂着陌生人和熟人，我们可能刚和熟人为了一分钱红包急得脸红脖子粗，恨不能拿菜刀互相伤害，转身就能和陌生人讨论人生到底有没有意义到凌晨两点。你很难说哪一部分才是真正的你，因为这不过是你面对不同的人做出来的不同反应。

但在发朋友圈时，我们却更倾向于在熟人面前减轻修饰，因为熟人知道我们究竟是个什么玩意儿，一旦我们修饰过甚，他们要么无情地拆穿我们，要么不拆穿，用沉默表达对我们的同情。可在陌生人面前，我们却可能竭尽全力修饰自己，并常会将修饰后的自己当真。一旦有陌生人对我们的修饰表示理解，我们就会误以为找到了知己。

陌生人和熟人混杂，一方面使得我们必须随时在修饰和不修饰的状态里切换，一方面也可以解释为什么我们总觉得能理解自己的人在远方，但当远方的人一到身边成为熟人，那种被理解的感觉就会消失。所谓距离产生美，终其原因在于每个人都喜欢修饰后的自己，而距离，恰恰给彼此留下了各自修饰的空间。

我并不觉得这种伪装有停止的必要，因为这种伪装的背后，是人作为人的基本需求。我们将自己拆成不同部分，展示给不同人看，背后隐藏的是我们对外界的认知和对自我的认知。我们希望通过更细致的分组来让这两种认知更加吻合，从中获得被理解、被赞扬的满足感，进而顺利排遣孤独，排遣缺人关注的焦虑。

只是遗憾，这两种认知从来就不能完全吻合，因为外界永远都不在乎你是谁,只在乎你展示的东西对于它而言有没有意义。可你分明就是想告诉外界你是谁。

每一款新的社交软件出现,总能让人从现实生活中暂时抽离,将一些生活碎片和情绪放在上面,通过评论和分享获得在现实中难以与人发生的交流。为了获得更多交流,我们便会期望能有更多观众。但当观众的身份开始混杂不清,随混杂而来的就是我们会被迫开始进行自我审查。因为不同的观众就意味着不同的身份,不同的身份就象征着不同的情感或权力,而面对不同的情感和权力,我们就只能对着老板爱工作,对着姑娘爱狗,对着前任假装学会了爱自己。很多人回头看青春年少时发的文字和相片,总会产生砸东西的冲动。但其实那时的矫情,那时将情绪扩大进行展示,不过是为了获得更多观众和交流。

我们此时假装有趣、假装成熟、假装不需要人关注,不过是因为我们从一个软件到另一个软件、从一部分人到另一部分人,进行了无数次尝试后,终于无奈发现,完整真实的自己一旦有了围观者,也就必然意味着它要渐渐退回到乏人问津的状态里。最大的伪装就在这里:我们需要观众,但观众却会反过来将真实的我们逼退。于是我们被迫从完全展示自己变成开始分裂自己，以便将不同的部分赠送给与之相对应的人。唯有这样，我们才能留住观众，维持住自己在不同群体中的存在感。至于更深处的空洞，既然没人在意，我们也就顺水推舟假装没有。而我们也终于明白，那些在现实中难以发生的交流，在互联网上，依然不会发生。

车祸
发生以后

——

何必独醒。

车祸发生后，谴责司机或路人，对于下一刻即将抵达转弯处的我们而言，说到底只是一次网上冲浪、一次毫无意义的消遣。

经过我并不严谨的观察和统计，如今在互联网上，无论讨论什么问题，最后都只能容下两种声音。任何个人和机构，胆敢在两种声音之外提供第三种，必然会如第三者插足，被唾沫淹死。多年前，鲁迅先生说一些人的性情总是喜欢调和折中，要想开窗，必须先主张炸掉屋顶。现如今，那些人的性情终于不再调和折中，反而极速奔向逆我者亡。事实上，不仅逆我者亡，顺我者的姿势不对，显得顽皮，那也得用意大利炮轰上天。

在不远的 2016 年，我还不愿承认理性的声音正在退去；但此刻，我不得不承认，理性已成过街老鼠。太多次，我看到有人在公共议题中发出第三种声音，立刻就享受到与世界对抗的快感。太多次，我看到一个谁也不想讨好的人，经常两边都不讨好。最后，那些声音和那些人，要么关闭评论，觉得世人都不可理喻；要么注销账号，承认是自己不可理喻。

我不知道一个大多数人都能接受的社会应该有多少种声音，但肯定不止一种，也肯定不止两种。只有一种声音的社会一定是极端狂热的社会，而极端狂热的社会必然会激发人的兽性；只有两种声音的社会则一定会在胜负之争中渐渐撕裂，并在撕裂的过程中迫使所有人在保持沉默和选边站队中做出选择。倒不是第三种声音就一定是理性的声音，而是有第三种声音存在这个事实本身，就象征着理性；就象征着一个社会在非此即彼外，还能接受另一种可能性。

我还没关闭评论，注销账号，是因为我还不够理性，还不够有勇气真正去享受与世界对抗的快感。我不敢去斥责造谣者是坏人，斥责传谣者是傻子，只敢说不造谣、不传谣，是一个人应该有的样子。我不敢为那些因时代的悲剧而导致的个人悲剧去谈谅解，只能说每个人都应该为自己做错的事付出代价。

可时代是每个人造就的，为何偏偏是那些已经足够可怜的在付出代价？

在当下，发出声音并不危险，只要你洞察力足够，总能在既有的两种声音间选择分贝大的那边，那你总会很安全。但要发出你真正想发出的声音却很危险，尤其当你想发出的声音是试图跳出事件之外，去讲述你所观察到的事实和思考时，立刻就会有无数人将你拽下来，并扯着你的耳朵喊：去你的客观，去你的理性，老子还没醉，你装什么独醒。

我相信很多具备理性思维的人不是学不会沉默，他们只是没办法任凭真相和事实蒙尘，没办法目睹那些更能引人深思的角度被一个个拆毁。他们也不像那些听不得另一种声音的人愿意去讨伐异己，进行自我限制和阉割。可键盘和网线毕竟不贵，买时也无须智商资格证。我很不愿去理解那些赚傻子钱的人，可现状却由不得我不理解。因为虽然赚傻子钱会被骂，但毕竟是赚到钱了。教育傻子同样会被骂，却什么都没有。更何况，一个人，若没办法在这个世上努力赚钱，关怀自己和家人，他其实没资格谈人文关怀。

写这篇文章前,我特意在各大门户网站找了一些热点事件,试图在既定的两种声音外找到第三种被人认可的声音。我想给自己一个机会,不要取现在这个标题。但很遗憾,我没能找到。第三种声音还有,但评论区无一例外,都在扣作者帽子。

很多其他热点事件里,第三种声音的遭遇,也大多雷同,但凡那声音没有明确表明立场,就必然会有人准备好更恶心的立场,让发声者就座。这种现象让我在已然寒冷的初冬觉得浑身汗毛直竖。因为我知道这预示着立场即将大于真相,预示着真理的成立与否即将取决于键盘数量;更预示着,今后无论面对什么,发生什么,我们除态度和情绪以外,什么都看不到。

假如这个社会是一条路,突然,转弯处有一辆车撞到了人。那在车祸处理完毕后,我还希望看到有人去谈路况,有人去谈受害者和司机的生活,谈他们当天是因为什么才在那一瞬间遭遇在转弯处,甚至还可以谈谈人到底可以承受多大的冲击,一辆行驶中的汽车可以释放出多大的动能。我希望谈这些的人,完全不用担心自己谈论的那一切,会被解读成多伪善的动机和立场。之所以如此希望,不是因为我不关心车祸本身,而是我想更多地知道，在车祸发生的那个瞬间，那个转弯处到底发生了什么。因为只有知道那个转弯处到底发生了什么，下次当我抵达那个转弯处时，我才能做出更聪明的选择。

久坐
有死亡危险

——

我烦。

死亡有两种，一种是肉体消灭，一种是精神消灭。比起精神消灭，大多数人更怕肉体消灭。现代医学研究表明，久坐不动会增大肉体死亡风险。另据我的研究表明，一个人把屁股在一个地方放久了，也增大精神死亡的风险。

有人说，一个人只要上网，总会留下蛛丝马迹，有心人若愿意付出努力，动用足够的资源，早晚能发现他是人是狗。其实我有种更简洁的办法，不需要付出任何努力动用任何资源，就能迅速判断网线那一端到底是人还是狗。

很久以前我就说，很多人上下求索，求的不是真谛，而是同类。一个人认为 A 是对的，反对甲，有时不是因为他真觉得 A 对、甲错，他只是要用这种态度捍卫利益，顺便吸引与他持同样立场的人。

从这个角度来看，我能理解一些人为了捍卫立场而忽略逻辑和道理，为了捍卫利益而忽略事实和真相。但恕我无法理解把立场当成道理，把利益当成真相的人。这样的人在我眼里，早就精神死亡了。他们大脑尚存的唯一意义，就是在余生用尽一切方式，保证他们的屁股始终能落在同一个位置上。任何人、任何思想，只要不能为他屁股下的位置提供合理性，就都是别有所图。这种人体内不存在血脑屏障，他们的肛门和大脑直接相通。

我早就意识到没办法同那些一切行为只为捍卫立场的人交流。写东西这些年，我见过很多评价。最常见的就是我的某篇文章抨击了他所持有的立场，他便不管我的论证逻辑直接表示失望。其实我也挺失望，我失望在，我怎么会有如此阅读能力低下的读者；我失望在，怎么会有人把我当成一个会迎合某些人而去写文章的人。我教你追姑娘，你很开心；我让姑娘处置自己的身体，你不开心，因为你觉得姑娘的身体只能由你来处置。我支持整容，你很开心；我说整容都整成明星脸那是笨蛋，你不开心，因为你觉得只有整成明星才好看。我说提高某个行业从业人员的收入，你很开心，因为你正好在那个行业；我说某个行业的从业人员需要更严格的监管，你不开心，因为你觉得你所在的那个行业已经很艰难。

我知道，有些人，不管看什么，都只是在看自己。你抠他眼皮，晃他肩膀，让他睁大眼睛，清醒一点，他只会叫你滚开。

今天我在朋友圈看到一篇文章，一名姓文的老师写某一个老师因为打了学生一戒尺，赔了三万块。于是文老师呼吁媒体和专家放过老师这个群体，再这样下去，老师都会放任不管，学生长大都会去坐牢。文章中，文老师深情写道：我小时候，就是因为老师不厌其烦地揍我，我才最终考上大学。

毫无疑问，这篇文章戳到了很多人，阅读量轻松10万+，赞赏人数轻松上千。你看，这年头，只要你想，只要你愿意，你总能轻轻松松用一千五百字把某一个群体伺候得舒舒服服，然后这个群体就会把你伺候得舒舒服服。用三四千字去讲道理，道理又不会给你转发，也不会给你赞赏，写来写去，徒有一身疲劳。

在某些老师眼里，打学生是天赋师权。可我就要问了，过去老师揍孩子的年代，又培育出几个人才？不能打学生就等于剥夺老师的教育权，你办的是武馆吗？就算你办的是武馆，你打人就不用负责了？在教育和体罚之间，一个现代老师，如果找不到合适的方式，那就是无能。

有时我很难想象，为何在一个连夫妻和亲子之间都不能使用暴力的年代，还会有老师觉得自己应该拥有揍学生的权力。我更难想象的是，为什么会有老师觉得，只要给老师使用暴力的权力，每个学生都能比现在更好，而每个老师都能善用这种权力？

很多老师会说：不打孩子，那你来教啊。我倒是可以去教孩子，那你倒是来帮我生孩子啊。你说我的孩子不用暴力就教育不好，那你来帮我生一个听话的，生一个不用暴力也能教好的。这种你行你上的逻辑，一旦推行，你连去发廊剪个头发都不能发表意见。你对理发师说：你把我头发剪坏了。理发师当场把剪子一甩，说：那你自己回家剪啊。不能打孩子，从来保护的不单单是孩子，还是每一个老师。你觉得你只是拿戒尺抽了学生一下，用粉笔扔了学生一下，这次你打准了，也看准了，下次没打准，没看准，不是我吓唬你，除了经济损失，你还会有牢狱之灾。

文老师因为被老师揍，考上了大学，然后写出一篇叫人匪夷所思的文章。坦白说，我很不想就那篇文章发表任何意见，因为正常人都知道，一旦允许一个群体对另一个群体使用暴力，这种暴力必然会趋向于失控和无限制。

我也是个有立场的人，但当事实和真相摆出来，我会非常愿意放弃我的立场，支持道理和逻辑。我深知，人的立场终会变，可真相和事实不会。一个人为了立场放弃道理，就等于自己的钱包丢了，觉得全世界的人应该拾金不昧。哪天自己捡到钱了，就觉得人是复杂的，偶尔也可以拾金昧一昧。这叫双标，也叫无赖。这世上，谁能保证自己只丢钱，不捡钱？谁能保证自己只捡钱，不丢钱？拾金不昧从来都是道理，而不是在迎合丢钱的人。

这个世界上，唯一能让我不讲道理不讲逻辑的情况只有两种。一种是当姑娘问我，她的眼睛是不是像星星时，我会毫不犹豫说是。另一种是当一个小孩问我，花盆里能不能种出太阳时，我会毫不犹豫说能。其他的，阅读者也好，老板也好，朋友也好，父母也好，你不讲道理，我就懒得跟你讲。交流的本质在于相互沟通，如果你只打算听没道理的附和，恕我不伺候。

有句话说，很多人二十五岁就死了，七十五岁才埋。每个人都知道这句话是什么意思，但每个人都觉得这句话说的是别人。我一直都觉得这句话很妙，因为它不说很多人十八岁就死了，也不说很多人二十二岁就死了，而是说二十五岁。仿佛冥冥中它就知道，很多人容易在二十五岁左右，把屁股放在某一个安稳的位置上，从此再不愿起身看一眼这个世界。

文字
凶杀案

―

我知道躲文字的尸体有多难,

所以我个人绝不愿去制造文字尸体。

人们形容好看的女孩都说"标致",形容我都说"俊俏"。后来,"标致"成了一个汽车品牌,也没人再用"俊俏"来夸赞一个人的外貌。"美女"突然成了搭讪的开场白,"帅哥"成了推销员的口头禅。再后来事情变得更疯狂,用来夸赞人类外貌的词已经配不上人类,大家开始对长得好看的姑娘叫"女神",对长得好看的哥们叫"男神"。毁了神再接着毁仙,"小仙女"出来了。我以为这是结束,直到昨天,我赫然看见朋友圈有数个姑娘开始自称"仙女界扛把子""仙女界理事人""仙女界老大"。这个现象表明,"小仙女"这个词的寿命已到末期,下一步,各位姑娘只能自称"九天玄女"了。

过去我看的网络小说，里面形容一个人厉害，顶多说他可以"以一敌百""一拳能砸碎一块石头"，轻功厉害到"马都追不上。"现在的网络小说，吹口气恨不能毁掉一个宇宙，一把剑一挥就抹去几十万人口，甚至还见过用原子弹做单位来衡量主角等级，一级的威力等于十颗原子弹，二级等于五十颗原子弹，也不知作者是不是在梦里被原子弹轰过，不然怎可能描写得如此绘声绘色。

日常生活中，我们形容一个人的情商，动辄"突破天际"。形容被聪明人的智商压制，必须用"碾轧"。我们对"麻痹"已经麻痹，对"智障"已经智障，我们不需要别人来说我们不是个东西，自称即是"货"。

最常见的是标题党，一点破事也震惊，随便找个姑娘都说是"百年一遇的美女"；全家人一起吃顿饭，标题必须写成"这家人竟然一起做这种事"。

卧室看见只蟑螂也说"惊悚"，蟑螂起飞了说"震撼"，一只拖鞋没能击落，就说这蟑螂"成了精"。于是"震惊"再也不令人震惊，"竟然"再也不竟然，"惊悚"不再惊悚，所有动物都"成了精"。

所谓的文字谋杀案就是在当下,由于人们都在追求情绪的极致表达和尽可能吸引眼球,很多原本程度非常高的形容词已经被无限弱化。在此案件中,我们每个人都是帮凶。汉字的存在,跟空气和水一样,属于完全免费的公共资源,只要你认识那个字或词,你就可以拿来用。但现实是,大多数人的词汇量极度匮乏,基本流行什么词,他就会用到令人作呕为止。有些词汇量不匮乏的人,除非他无须跟这一部分人交流,否则他也无法用"做作"代替"装腔",因为这会显得他不够年轻,跟身边的人不在一个世界。

汉字的博大精深举世公认,但它的本质依然是信息的载体。信息量的多寡决定该信息的价值轻重,这点汉字跟世间所有具体的东西一样,一旦滥用,必定贬值。一旦贬值,人们就会寻找新的替代物,然后又毁掉新的替代物,再去寻找下一个。多年前,类似"十动然拒"和"喜大普奔"这种网络生造词引发过一场论战,很多人觉得汉字也得与时俱进,有人用,就应该被承认。但事实证明,很多网络流行语最终会被它的创造者和使用者生生摧毁。

这种现象也不单单发生在汉语世界，包括英语在内的其他语言，也有词义弱化的现象，弱化的原因也是滥用。比如通过看美剧，我发现"bitch"这个词如今除了具备骂人功能，还具备了吐槽的功能，吐槽多了，骂人时反而觉得这个词不够有劲。还有一个是"funny"，这个词原意是有趣，但每次美剧中的人物说这个词时，我发现他要表达的往往不是有趣，而是在说无趣。

所谓术业有专攻，作为一个以文字做材料编织东西来卖钱的人，我对汉字的敬畏和热爱肯定远超常人。世间任何事物，一旦使用就会有磨损。词义的弱化是很多词的宿命，只是如今，我们摧毁一个词的速度太快了。一个词一旦大面积出现，就意味着它的寿命只剩三个月左右，今后除非必要，它再也不会出现。这导致我在写东西时，有时不得不避开一些"汉字尸体"。那个汉字的意思在我这里没变过，我也知道它在表达什么，但我还是不得不避开，因为我知道看的人会理解成另一种。

就像几天前，我在群里谈写作时，让一个哥们把"指尖的烟"改成"指间的烟"。"指尖"这个词本意是手指的尖部，是一个精致而精准的词，但它被青春文学写手用烂了，后来的人再用,尤其再加上"烟"这种象征性极强的名词,就会显得特别矫情。

还有"抑郁"这个词,这个词的程度很重,但现在不管是忧伤还是寂寞,不管是痛苦还是难过,不管是空虚还是忧郁,大家统称为"抑郁"。这就使我很抑郁。

我心疼过很多名词的弱化和畸化。但形容词的弱化,经过思考后,我觉得这事对于有追求的文字爱好者未尝不是件好事。"震惊"不能用,你就必须把人震惊的表现描述出来,不能再偷懒;"惊悚"不能用,那你就得写"汗毛直竖""冷汗涔涔""小腿肚抽筋";"美女"不能用,"标致"不能用,那就写眉毛,写眼睛,写嘴,写姑娘身上具体的美。这些都是好的写作方式,可问题是,这些无情绪、无夸大、只白描的文字,当下谁有耐心看呢?我们决定看不看一篇文章,从来就是看标题。标题让我们点进去,是否决定把文章看完,也就只看前三行。就看三行,还得要求每一行的字不能太长,字间距不能太密。

在这样的限定下,你用一百个字描写一个姑娘,真不如直接说"她是我的女神"。用五十个字描写一件事对你造成的影响,真不如直接说它"震惊"了你,"颠覆"了你的人生。用三十个字说你如何被一个异性撩拨到心弦奏出了交响乐,真不如直接说"我要追到他/她"。

日常交流中,我们可以用表情包、肢体动作和面部表情做辅助来表达。但写东西给人看,除了文字没有替代物,加上大家已不需要过程,只需要一眼万年;不需要思考,只要他人把结论端出来。那词汇量匮乏的作者要满足这种思维懒惰的读者,要么一开场就用大而全的词镇住人,要么就在文章中不断用金钱和暴力以及性撩拨人心底的欲望,而要撩拨到极致,又不免用到大而全的形容词或一些暗示性极强的动词。

这必将导致更多的形容词和名词乃至动词被一一弱化,直至被彻底摧毁。最近文章打开率很低,有人苦口婆心劝我,不要再写那些看起来很正经的东西,把版好好排一下,写点群众喜闻乐见的文章。坦白说,这事我想过,但最后我还是觉得,我知道躲文字的尸体有多难,所以我个人绝不愿去制造文字尸体。

但令人感到庆幸的是,像"我爱你""我恨你""我忘不了你",这类句子仍保持纯洁,从未因被滥用而弱化。这似乎从另一个侧面证明,当下年轻人看起来似乎精力旺盛,容易情绪化,**但对于那些触及心底的感受,依然羞于表达**。被类似文化浇灌出来的人,骨子里依然有着可爱的含蓄。

来,
带你在村口
掉个头

——

这条路,我在这个年纪没有上去,
这辈子就可能再没机会了。

不久前一个午夜,我骑摩托车从隔壁县城钓鱼归来。那一路人车稀少,路灯昏暗,我眯眼盯着漆黑的前方,想象自己是一个金光灿灿的拉锁头,正以一百码的速度滑动。随着我的滑动,黑夜在身后哗啦啦整齐裂成两半。心虽快,但当时我的速度才四十码,这个速度在我的那些小伙伴眼里,比老汉推车还慢。但在我爸眼里,摩托车开四十码已是极速。超过四十码,插上根鸡毛就能飞了。

刚学会骑摩托车那几年,每次我骑车出门,我爸总说:崽,要稳。每次我总点头说:放心,我不会飞起来。然后踢起支脚来个弹射起步,在我爸脸上浮现目瞪口呆的表情前,出现在百米开外。那几年我骑车很快,一是因为路就在那里,一直在往前延伸,于是我就自然而然也想往前延伸;二是摩托车盛行农村时,我还很小,我羡慕那些穿着皮衣、戴着头盔从我面前一闪而过的酷炫身影,尽管爸妈常告诉我,那样骑车、穿衣的人无一不是傻子。教会我骑车的人就是一个爱穿皮衣的哥哥。他年幼丧母,少年丧父,之后一直跟奶奶在一起生活。他是村里第一个拥有摩托车的人,也是在那个一切还未提速的年代里,我们镇上第一个把摩托车开到一百码的人。

八岁那年暑假,我第一次坐他的摩托车。那天我在他家屋后用弹弓打鸟,十六岁的他午睡醒来叼着烟在屋后撒尿。他叫了我一声。我转身。见我手里的弹弓还拉着,他连忙抖了两下藏起那玩意儿,说下午带我去玩。我说:去哪儿?他说:走就行了。

他带我到另一个村里偷羊,说要换点钱给他奶奶买中药吃。到了目的地,他从摩托车尾箱里拿出一把柴刀,砍来一棵小树绑在摩托车屁股上。我问他这是干吗,他指着不远处山坡上云朵一样飘着的一群羊说:你猫过去,抱只小羊过来。我说:被人看见了怎么办?他说:那你就别让人看见。

我抱羊时很顺利，像抱自家的狗。但没想到那只黄灰色的羊羔一被抱离地面就放声大叫。我用手捏住它的嘴，被狠狠蹬了一脚。我捏住它的腿，它又张嘴叫。我正手忙脚乱，心里咚咚直跳，山顶突然传来一声大喝。我没敢抬头看，抱起羊羔以最快的速度冲到摩托车上，气还没喘匀，就听见他闷闷地说：坐稳，抱好羊。

刚跑出两百米，我就听见身后传来三辆摩托车的引擎声。我说：有人追。他没吭声，歪头看了眼后视镜，然后握着油门的右手手肘猛地沉了下去。这把油一灌进去，摩托车立刻像被人捅了一刀般吼了一声，往前蹿了出去。

山路破烂，到处是坑和细碎的石子。他很淡定，但我很紧张。我紧紧抱着怀里还在乱叫乱蹬的羊，心想一旦摩托车侧翻，就用羊垫一垫，毕竟它摸起来很软。

我忘了当时他开到了什么速度，只感觉耳朵里全是引擎声，山路一扭一扭地过来，又唰唰退到后面。我一会儿探头看前面的码表，一会儿扭头看到绑在车尾的那棵小树。也是在那时，我才明白小树的作用。它在地上胡乱摆动着，一可以扫干净我们的车辙印；二可以扬起尘土，眯瞎后车。在炎热的夏季，小树的扬尘效果很好。我亲眼看着身后的山谷，随着我们的离开，逐渐变成一片灰黄。

成功干了一票后，他经常骑摩托车带我出去。有时他会带我干点坏事，比如偷路边的瓜果。有时他也会带我干点好事，比如把路上突然出现的障碍物搬到一旁。大多数时候，我和他就只是无所事事，在各种道路上狂飙。现在，我每想起那个夏天，耳朵里除了蝉声，还有摩托车的嗡嗡声；除了植物的香气，还有化油器里散发出来的汽油味。

在我十二岁那年，他用三天教会我骑摩托车，但从来不让我自己骑车出去，说是一旦倒地我扶不起来。他说他学摩托车时，曾被倒下的摩托车压了十多分钟，腿被滚烫的烟管生生烫熟大半。他没读多少书，但我现在回想起他说过的话，总觉得有着难以名状的聪明和帅气。

他会跟我说：村里那些说他骑车快得像疯子的人，要搭他的顺风车的时候，一个个都夸他骑车厉害。这叫什么？这就叫虚伪。

他会跟我说：骑车靠的不是胆大，而是预判力。就好比如果你看到某条路上有超载拉红砖的汽车在走,那你就要小心路面上随时可能会出现掉落的砖头。

他会跟我说:跟姑娘可以说自己骑摩托车很快,但真载姑娘时,最好不要骑得太快。那样会让人家觉得你这人不够稳,不在意她的死活。除非,你是想把她吓得紧紧抱住你。

我们村口道路的结构是个向右躺倒的"A"字。他每次骑车从村里出去,从不走宽敞的村道,然后掉头上大路,而是直接从中间那条跟摩托车轮胎等宽的小道穿过去。那条小道一侧是池塘,一侧是三米高的陡坡,摩托车上去后,两边几乎没有落脚的空间。迄今为止,除他以外,没人敢那样做。曾有人好心劝他何必拿命开玩笑,正路不走,走邪路。他也承认,并跟我说:这事是挺傻的,你别学。但他又说:可你以后会知道,那条没人敢走的路就在那里,是一种怎样的诱惑。他还说:其实很多人都想骑上去试试,只是没胆。

他用八年时间把那辆摩托车从新骑到旧,几乎每家每户都买了新摩托车时,他还骑着那辆老古董。我问他:为什么不买辆好的,不是一直想试试一百码的感觉吗?他说好的摩托车买不完,几十万元的有，上百万元的也有，但他舍不得这辆。他说他习惯了这辆车的节奏，无论是换挡还是离合以及油门，他都习惯了。他说得很真诚，但那时已经不再年幼的我只觉得他是穷还爱装。

后来他还是换了新车，因为一个相亲认识的女孩。那女孩对他的感觉很好，但对他的车感觉不好，说他那车减震太硬，坐久了屁股疼。他一咬牙，买了辆在当时近乎天价的摩托车。摩托车买回来那天，我让他下来，自己上去试骑了一把，只觉得那车从声音到操控都性感得要命。试骑回来，我问他：什么时候试试这辆车的极速？他吸了口烟，缓缓吐出来说：等过了磨合期，到国道上去飙。遗憾的是，没等过磨合期，他的车就报废了。那天他骑车带那个女孩从隔壁市回家，遇到两个没穿制服的人在路边拦车。他没理，冲了过去，然后就听到后面警笛大作。那天他被两辆汽车追了近十公里。

后来他跟我说，他很多次想停下，但他怕自己的新车被人扣走，再也拿不回来，于是就把看不到尽头的国道当成了赛道。他说他当时也不知道那辆车的极速，只是隐隐感觉，后面那两辆车，追不上他。他说他开到九十码时，觉得摩托车还很稳，于是捏住离合，丢掉油门，再把离合丢了，瞬间把油门一拧到底。等到他感觉屁股下的摩托车在原本的惯性下再次提速时,他就知道,那辆车的极速绝对可以到一百二十码。他说那一瞬间他很兴奋,就像很多年前第一次完成漂移掉头一样兴奋。

但他还是不够快,他说他开到了一百一十码,还是在一条漫长的直道上被后面领头的那辆车超了。更让他没想到的是,那辆车超了他后,立刻向右靠了过来。"本质上说……"他后来跟我讲,"那一瞬间,车里握方向盘的那位是想害人。"

后来的事他没细说,只说他看到前面那辆车的屁股红起来,就知道可能没活路了,立即点了脚刹车,单手搂着女孩跳了下去。那场事故中他断了两只手和一条腿,脸上留下一道五六厘米的疤。幸运的是,女孩没受大伤,只是有些惊吓过度,据说至今仍不敢坐摩托车。不幸的是,女孩从医院出来再不愿见他,理由是太吓人了。也不知是说他脸上的疤吓人还是说他把摩托车当飞机开吓人。

一直等后来事故调查结果传开,我才知道他骗了我。那天他根本不止开到一百一十码,而是飙到了一百六十码。那辆新车就算那天不撞,也基本被他开废了。打听过事故调查结果的人还说，那天那两辆车之所以追他，就仅仅是因为当时路边查车的俩哥们觉得那个骑摩托车带着姑娘的小伙在国道上太骚，于是想拦下他给他点难堪。怎知小伙不停，还飙到了一百多码。于是那俩哥们就商量着得教小伙做人，教小伙一个真理：两个轮子跑不过四个轮子。

由于那场事故太离奇，我知道后不仅没有替他感到惋惜，反而还有点羡慕。那个年纪的我，总有一个丢下一切，然后带着一个妞沿国道一直开下去的梦。我甚至都想好了，在路上，要是冷了我就抱她，饿了我就带她吃霸王餐。我不会让她受伤害，我希望她能一直陪着我。假如说事故发生之前，他是我的偶像，那么事故发生之后，他就成了我心中的英雄，成了那个告诉我有些故事般的情节真能在现实中发生的英雄。

我的英雄出院后不久，他奶奶就去世了，他办完葬礼后加入了南下大军。他走后，我拥有了我的第一辆摩托车，开始载着各种各样的姑娘成天在外狂飙。我练漂移、练急停，练把摩托车拆了又自己组装。我不知道自己为何要像在准备迎接什么一样做这些事。只觉得前方有场比赛在等我，而我很不想输。

他再回来是五年前，带着妻子和儿子回家盖房，房子盖好后，他买了辆新的摩托车。那天他骑着新摩托车在路上遇到我，我递根烟过去，问他要不要飙一个。他说不飙了。我说：我现在骑车的水平估计跟当初的你差不多了。他说：你骑过村里那条小路吗？我说：准备骑。他说：骑过去了告诉我。

之后一个礼拜，我骑着摩托车无数次徘徊在小路的路口。也是在那时，我才知道这些年自己在准备着的到底是什么。好多次，我拧着油门想上去，又不敢；好多次，前轮已经上去了一半，即将双脚离地加油时，我又很尿地退了回来。我知道自己在做一件很傻的事，但这件很傻的事却又充满着诱惑。没有人不想挑战儿时自己心中的英雄，没人不想去挑战无人敢走的路和胆怯的自己。我知道一旦上去，稍有失误，便可能受很重的伤，丢很大的脸。但我更知道，这条路，我在这个年纪没有上去，这辈子就可能再没机会了。

我最终还是上去了。我骑了过去，但姿势很不帅气，抵达终点后，我回望那个路口，没有感到丝毫痛快，反而有点失落。不是因为它没有想象中那么难，而是我突然发现，纵使我骑过来了,依然没有胆子再骑一次。过去,我一直以为,有些心魔一旦冲破,就不会再有。但那一瞬间,我突然明白,**有些事,是不需要挑战的,因为那不是你本来就需要挑战的,你的本质不在那里,挑不挑战,它都完整不了你。**

他曾跟我说,他骑得很快,不是因为要显得厉害,而是觉得路在往前延伸,风在耳边吹,油门就在手里,他忍不了自己毫无作为。无数次我骑在摩托车上,误以为自己也有那种感觉,也有那种要追上路的延伸速度的冲动。但其实我没有,我想骑得快,就只是因为,有人可以骑得很快。

我没有告诉他我把那条路骑了过去,也再没提飙车的事。事实上,从那以后,我骑车再没超过六十码。

多年后,有一次我外甥坐在我的摩托车上,指着那条小路说:舅舅,我们走那条吧,那条更近。我摸摸他的头说:我们走大路。外甥说:你是不是没那水平啊?我说:是的,舅舅只能带你去村口掉个头,然后再上大路。

不久前的那个午夜,我以四十码的速度骑了半小时,路上被各种车超过。经过一个长长的左转弯时,一辆很贵的摩托车把我超了。超我时它响了几下喇叭,超过后又很有节奏地红了三下屁股。在乡间野道,这一连串操作等于是在说:来,飙一个。

    我没有跟它飙车,依然以四十码的速度走着。我不再觉得自己是一个以一百码的速度滑动的拉锁头,更没想过再用车头灯撕裂黑夜。我只突然觉得自己像一团很小很轻的橘色光芒,在黑夜的包裹下沿路浮动着,缓缓接近我真正的目的地。

期待过年
就是少年

——

祈祷新的一年能慈悲为怀,
对这个烟火人间不要下手太狠。

二十五天前,我们互道新年快乐,恭喜发财,祈祷2018年能慈悲为怀,不要对烟火人间下手太狠。然而那一天,每个中国人都知道,真正的新年远在四十五天以后。鲁迅曾说,旧历的年底毕竟最像年底。旧历即农历,是千年来真正指导这片国土上的无数百姓休养生息的时间标尺。

　　元旦前夜的倒数,凭你如何呐喊,总没有除夕夜的倒数来得激动人心,充满希望。若年真是传说中的恶兽,元旦那一跨,只是虚晃一枪,做了个假动作,起到让年放松警惕的作用。自今天起,二十天后的那一跨,才具备真正的仪式感。那一跨之后,该成长的才算迎来了成长,该苍老的才算迎来了苍老,该过去的才算迎来了过去,该到来的总算是看到了眉目。

年关将至,很多人患上了过年焦虑症。有人问:过年如何回击亲戚们关于收入和婚恋的盘问?有人问:过年期间,如何从同学聚会这种大型活动现场全身而退?有人问:过年如何防范熊孩子?有人问:过年走亲戚这事到底意义何在?事实上,对于任何可能冲击当下舒适区的节日,很多人已经生出了厌烦和戒备之心。

这世上有很多事令我不解,比如我无法理解,为何有人把海子的诗"你来人间一趟,你要看看太阳"挂在嘴边,转身就在阳光灿烂的日子,涂上十八层防晒霜,让心上人等两个小时,然后才走到街上。比如,为何明明有人向往"出走半生,归来仍是少年"的境界,却会因为过年而焦虑到不知所措。

我不知道一个人面对人世,摆出怎样的姿态才算是少年,但我相信,若这世上真有少年,这少年,一定期待过年。

我今年二十六岁,但我还像个十二岁的少年一样期待过年。我喜欢穿新衣服,尤其喜欢在除夕夜从内到外都换成一身新。每当这样的时刻,我总会感觉在帅这件事上,自己又攀上了一个新的高峰。我还喜欢春节期间吃不完的美食和总是会莫名激动跑来跑去的小孩。每年过年，我也会被亲戚盘问，也会被邀请去一些大型活动的现场。也许是我情商够高，对于装这件事过于熟练，所以这些细枝末节从来不足以令我焦虑。对我而言，过年最重要的事就是与家人团圆，在除夕夜陪爸妈安静看几个小时春晚，看他们略显局促地穿上我给他们买的新衣服。

时至今日，我口中的日子是日复一日，爸妈口中的日子已经变成年复一年。年复一年里，我这个做儿子的能陪他们安静看几个小时电视的时间并不多，大多数时候，不是他们没空，就是我没空。而他们的消费观念，足以气哭最精明的商人。他们眼中，花钱如割肉，过年穿一次新衣服，就是他们眼前唯一能接受的奢侈。我希望能借过年的机会让他们好好奢侈一把。

小时候，每个除夕夜，爸爸会把一个很高很大的火炉搬到屋子中间，然后放上一口大铁锅，倒上半锅油。一看我围上去，他就会从兜里掏出红包，叫我边上去。一个红包能收买我的时间最多五分钟。五分钟后，妈妈煎肉炸鱼的香味飘满屋子，不管我当时在哪个角落，最后一定会被香味裹到油锅边。那时，爸爸正在剁骨头和鱼,双手油腥,妈妈一手拿勺一手满是面粉和鸡蛋黄,两人都腾不出手收拾我。于是那些年的除夕夜,这颗星球上的某个小村庄里,总有一个小男孩守着一口巨大的油锅,怀里抱着一瓶饮料,吃得满嘴流油。那天晚上,爸妈要忙一夜,我吃饱喝足后就爬上床,脱掉新衣服,把红包小心翼翼地放在枕头下,然后关灯,心满意足地躺在一片黑暗中,在温暖而醉人的香味中渐渐睡去。醒来即是新年。

  长大后,家里买了冰箱,春节期间要吃的东西,不用全堆到除夕夜做。每年大年三十,除了打扫屋前屋后,剩下就是贴春联、洗澡、换新衣服,忙完后一家人一边吃团圆饭一边看春晚。近几年每年除夕夜的零点,我都会站在门口,闻着空气中的硫黄味和食物的香味,抬头看天空边缘一闪一闪的微光,听来自四面八方的声响。那些微光和声响不知来自何处,稍纵即逝,但总会让我产生一种正被喜悦和希望笼罩的玄妙幻觉。
  那个瞬间,我常会由衷地感到人间很热闹,我很渺小很渺小,但我庆幸自己能感受到人间的热闹。随后便会突然如同受了莫大的恩典,开始全身心祈祷新的一年能慈悲为怀,对这个烟火人间不要下手太狠。

作为一些姑娘永远得不到的男人,生活中我总能迅速分清哪些事无法商量,哪些事可以选择,哪些人值得铭记,哪些人只是萍水相逢。分清不代表能厘清,但至少我能知道烦恼和焦虑的来源。人在生活里能找到一个舒适区,永远像只松鼠一样待在里面,是一种幸运。但人总归是社会性动物,在不同的时间节点和不同的环境里,你总得去做一些不那么心甘情愿的事。你眷恋妈妈做出来的饭菜,那就只能低头听她的唠叨;你想参与普天同庆,那就得接受普天之下所有的繁杂和喧嚣。

我不是一个能苦中作乐的人,像所有的少年一样;也不是一个会乐中寻苦的人,像所有的少年一样。我只是苦乐皆受,我只是活了这么些年,对自己能在各种事物中获得什么体验有很清楚的认识。一件事带给我快乐若比烦恼多,不管外界如何变化,自己如何变化,我总会相信最初的感受。我知道,过去那些纯粹的体验不会骗我;我知道,只要我愿意心无挂碍地走向那些曾给我带来愉悦体验的事物,那种愉悦便总会如期而至。

在我眼中,二十五岁时喜欢上一个姑娘和十五岁时喜欢上一个姑娘,没有区别。十五岁时我不会考虑如何给姑娘买一条好看的项链,二十五岁时我也不会去想如何给姑娘买一栋房。我不会考虑那些旁人造出来的概念,就单纯是喜欢而已。小时候,我喜欢过年,喜欢除夕夜,因为这个日子能让我快乐。长大后,我照样喜欢,也坚信这个日子照样能令我快乐。这种喜欢不会因年龄的增长而有任何损耗。我也不会因为那些长大后必须面对的烦恼,愤而转身否定自己曾经喜欢过的事物。人在厌恶里只能看见他人,只有在喜爱里才能看见始终如一的自己。

更何况,每一个少年之所以喜欢过年,是因为在那个日子里,你犯下的所有错,都能被大人和这个世界原谅。你摔掉一个碗或者杯子,能听到"碎碎平安",而不是一声责骂。你不慎说错话,能听到"童言无忌",而不是被勒令改口。如果人这一生真的有在寻求什么,那样东西绝不是能回答一切问题的真理,也不是一颗能抗衡一切的心脏。人生海海,每个人都会犯错,我们寻寻觅觅,最后要找的也许就只是一个能让我们原谅自己的怀抱。在那个怀抱里,你会觉得,此生犯下的所有错,都没什么大不了。

于目前的我而言,那个怀抱,就是每年的除夕夜;就是每年除夕夜，穿上一套全新的衣服，以一个帅得令天发指的姿势站在过往与未来的分界线上，抬起一张平静的脸，用少年一般天真的眼，看着焰火腾空，人间沸腾。

也只有在那个瞬间，我才会觉得自己真的还能有那么一刻，活得像个少年；也只有在那个瞬间，我才会觉得一个时间标记，给人带来的不是伤害，而是殷切的祝福。

"人间不值得",
你值得

——

人间很无辜,

你不无辜。

不知从什么时候起,"开心点朋友们,人间不值得"成了很多人的口头禅。在此之前,大家的签名还是"生而为人,我很抱歉"。这两句话,我不认为有任何不妥。在我眼里,矫情无罪,人的一切情绪都无罪,谁也不能要求谁每天出门前给自己注射一针鸡血。我只是担心,这种本是拿来疏导负面情绪的句子,演变成消解一切意义的名言。

我是个愤世嫉俗的人。"愤世嫉俗"原本是个中性词,意思是对黑暗的现实社会和不合理的习俗表示愤恨和憎恶。在愤世嫉俗之上,有消极抵抗演变成的犬儒主义者,也有积极改变演变成的理想主义者。后来，不知发生了什么，愤世嫉俗被污名化为喋喋不休的抱怨，它的反面玩世不恭开始受人追捧，并被美化成通透之后的潇洒。

可玩世不恭的本意是不相信事物的绝对价值，只相信事物的相对价值。看起来很有道理，但相信事物的相对价值也就意味着事物无好也无坏，没有崇高也没有下贱，就意味着一切的最终意义，就是没意义。在某些极端情况下，玩世不恭的人甚至不相信善恶存在差别，恶是利己，善也是利己。就像写毒鸡汤的自媒体在赚钱，写文章反对毒鸡汤的自媒体也是为了赚钱，两者没有差别。武断地说，现在你能看到的某些取得世俗成功的人，是用玩世不恭的态度在说服自己的受众。他们会告诉你，这世上不存在体面和不体面，你赢了，也就是赢了。娱乐至死，不娱乐也至死，所以别听那些故作清高的言论。世上不存在理想主义者，只存在用不同方式去谋求利益的人。

你就娱乐，就消费，别被那些虚假的崇高给骗了。这样一套逻辑摆出来，别说习惯了被人操控的盲目大众，就连很多自诩精英的人，有时也会用此来为自己向现实的臣服做开脱。

我不能告诉你人间值不值得，因为我看到的人间不是你的人间,我只能告诉你,你值得,在开心和娱乐之外,你值得更有意义和更有价值的追求。消解一切意义是件轻松的事,失一次恋,被老板骂一顿,就能让你觉得所有的努力和内心深处的不甘都没有意义。可人生纵使充满灰暗和失望,背负人生的你,总还是需要那些超越人生本身的体验。

我没有读大学,但我从不敢说,读不读大学对我而言没有区别,由此推导出,所有人本来就有注定的宿命,大学读不读无所谓。我做不到这么不要脸。我打心底相信有些人的人生观就是人生没意义,除了跟随世界的规则运转,再没有别的方式与之相处,再没有别的方式能更好地处置自己。但是,我希望你们在看完一些丧到不能再丧的"金句"后,反问自己一个问题:为什么是他们站在舞台上向我宣扬他们的人生观?为什么我娱乐只能至死,而他却能娱乐致富?

有些人之所以能逗你笑,是因为他读了大量的书,研究过脱口秀和笑话之所以能逗人笑的机制。他每天每天都在成为一个更好的自己,每天每天都在追逐更高的舞台,每天每天都在试图给人带去更多的欢乐。一个人虽然说着人间不值得,但他仍在看书、写作,在喝酒后能搂漂亮的女朋友。你以为他的人间不值得是在为你说话,你以为那些反对娱乐至死的人是在鄙视你,可你有没有想过,一个人哪怕要发现人生无意义,也需要一个徒手向幽深处匍匐前进的过程,不可能通过一条微博就得到答案。

在之前的一期《十三邀》中,坐在李诞对面的许知远,不断在问一个关于话语系统的问题。"话语系统"这词听起来很高深,其实就是一个关于社会价值取向的问题。在许知远看来,一个社会不应该只存在一种价值取向,它应该是可以娱乐、可以严肃、可以浅薄、可以高深的状态。许知远疑惑的是,为什么明明在物质基本丰富的当下,人们已经发现了自己仍然缺乏安全感,却还不向内寻求,还要将大量的时间和精力用在浅薄的娱乐上。李诞和马东对此的回答都是:这个问题没用,有用的是如何让人们不去思考这个问题,进而解除痛苦。

于是他们一个做了《吐槽大会》,一个做了《奇葩说》。两个节目都广受欢迎,而朝这两个节目泼冷水的许知远,被某些人泼了污水。一个质疑时代的人很容易被人骂得狗血淋头。但坦白说,我喜欢许知远,喜欢每个时代里都会出现的那些泼冷水的人。这类人的言行举止往往不受欢迎,因为他们的抨击会让人产生强烈的被冒犯感。可妙就妙在,这种被冒犯感的来源,恰恰是人们对于自己正在做的事没有认同感。你看无脑综艺,我抨击你,你会跳起来骂我。可如果你在看《罗马帝国衰亡史》,我抨击你,你只会呵呵一笑。原因在于,你心底知道哪些是对的,哪些是错的。我抨击你的浅薄,你的愤怒是来自恼羞成怒,而不是我真的说错了什么。你愤怒的不是我对你指手画脚,而是我没有为你的浅薄提供一个能让你心安理得的解释。

被误解的许知远不是一个无名小辈,他取得的世俗成功,很多跳脚讽刺他的人拍马也追不上。他从来不是因为得不到利益而去反对那些攫取利益的人,他反对的只是为了攫取利益而引导人放弃思考甚至是消解掉改变社会的勇气的那些人。

他不解,但我能理解。在过去,信息未曾爆炸的时代,每个人的安全感和归属感都来自有限的对比。在有限的对比中,人可以有选择地调整价值取向和实现人生目标的手段,崇高和价值还未被庸俗和价格完全摧毁。但此刻,信息爆炸并没有带来知识爆炸,带来的只是人与无限人的生活对比。一个闷头写严肃作品的人,过去,很容易相信自己写的文字有价值;但现在,一个闷头写严肃作品的人，抬头就能看到那些文笔拙劣的自媒体用流水线生产的毒鸡汤攫取大量利益。面对这样的现实，作品再严肃，写作品的人也难免会心生愤慨，心想：就这些垃圾也能赚这么多钱，那我也能。

　　人与无限人的对比带来的后果是无止境的不安全感和焦虑，过去你打开门，只能看到山，现在你打开手机，就能看见他人营造给你看的美好生活。就像我纵使什么也不是，但如果有另外一个跟我经历相似、年龄相仿的人看到我写的东西，也会在心里想，为什么他能做到这样。这种思考很容易成为不安全感和焦虑的来源，而不是如人所想的那样，成为向上的动力。大多数人的不安全感和焦虑来自外界，但脱身之道却不在外界，你与外界贴得再紧，也不能远离焦虑和惶恐多一毫米。可脱身之道在哪里，没人知道，就算有人知道，也不能说，因为一说就会被人说成是说教。

　　愤世嫉俗和玩世不恭这两者，最大的区别不在于前者相信人生有意义，后者不相信。而在于前者相信人在大环境中还存在另外一种可能性，后者觉得人就只有一种预备好的可能，闷头接受就好。一个社会，需要玩世不恭的人，也需要愤世嫉俗的人，也必然会诞生消极抵抗的犬儒主义者和积极对抗的理想主义者。但抛开社会这个大的命题，**对于每一个个体而言，不管你是什么人，什么年龄，你都要坚信，你得亲自去寻找人生的答案和另外一种可能性。**

如果你放弃，你嘲讽的不是这个人间，而是自己。人间很无辜，你不无辜。

我说人间不值得，但你值得，除了让你警惕他人对你的人生消解，还想告诉你，消解一切意义的后果，是这个人间必然会沦为一潭死水。倘若一切无意义，只看你乐意，一旦这种我乐意集合到一起，成为一整代人仅有的话语系统，那你就再也无法看到在另一个话语系统下生存的人，再也听不到真正经得起历史考验的警告。你会彻底丧失构建一个更健康的社会的参与权和决定权，最终所有人如你一样，被逐个击破，闷头接受仅有的可能性，包括你的后代。

这个仅有的可能性，有很多人给它取了很多好听的名字，但不管多好听，不管你对这种仅有的可能性的态度如何，到了最后，它一定只有一个名字，叫作：活着就好。

杀了
那个上菜的
机器人

——

最基本的需求

同时也是最低端的需求。

多年前,我在一家酒店做门童,每天穿得人五人六站在玻璃门前,见到有顾客进大堂就赶紧把门拉开,说一声"欢迎光临"。有次天降大雨,大堂经理搞来一条地毯铺在大堂中央,又叫来两个清洁阿姨随时清理客人留下的湿脚印和雨伞上滴下的雨水。那天我观察了一早上,发现地毯铺的位置有问题。前台在大堂右边,电梯也在右边,所以顾客一进大堂,没走完地毯就会右拐,然后脚印和雨水就直接留在了地板上。两个清洁阿姨那天早上没停过,不停地跟在客人身后擦地。

中午时,我觉得有必要提醒一下经理什么叫思维的局限。我想对他说,谁也没规定地毯必须铺在大堂中央,那只要把地毯往右挪一点,不光两个清洁阿姨可以省很多力气,大堂地板也不会每逢下雨就湿漉漉的,给顾客带去那种一不小心就会滑倒的心理压力。吃完饭,在门口碰到经理,我趁机把想法提了出来。经理听完欣慰地拍了拍我的肩膀,说:我就说你这小伙子跟其他人不一样,你确实每天都带着脑子上班。

我点点头说:应该的。正想着升职加薪的事,经理又说:你这个想法确实很好,但你说我的思维有局限,其实你的思维也有局限。我看着他。经理看了一眼四周,把我拉到马路边上,接着说:把地毯往右挪一点确实可以省很多事,但你有没有想过,为什么这个酒店的门不做成自动门?为什么做成玻璃门后不成天打开,而要花钱安排你站在这里负责开门?

聪明人自然一点就通,我稍微一想就知道这是源于一种很俗气却十分有效的服务策略。简单来说就是,有条件要让顾客享受做上帝的感觉,没条件也要制造条件让顾客享受。按我的想法把地毯往右挪,确实可以省下两个人工,也确实可以让地板更整洁,但与此相对的,是再没机会为顾客提供那种有人跟在脚边擦地的服务。虽然那两个清洁阿姨大多数时候没被任何人注意到,但那种心理上微妙的感觉却无可取代,尤其是对于部分亟须"尊重"的客人而言。

那天经理在跟我讲完服务行业的那些事后,走前还留下一个金句:你现在还年轻,觉得这社会上很多事都应该讲究实用,但以后你就会明白,实用是最基本但也是最低端的需求,这样的需求有满足的必要,但绝对成不了可以区分你跟别人的价值标准。

后来我从酒店离职,离职的原因是经理被抓了。事实上,那时,基本上所有在酒店做部长和经理的人都被抓了。其中有些是被带去问话,问完又被放回来;有的是被带去问话,然后至今也没放出来。他是后者,原因是他把他的理念不单单用在了大堂的地毯上,还用在了那些非法的特殊服务上。

人工智能刚兴起时,我第一次看到将这个噱头商业化的是一家饭店。饭店很大,开业前它的宣传口径统一在饭店里的十多个机器人身上,曰"机器人上菜"。开业那天我跟人进去吃了一顿,吃完出来我跟朋友说:这家饭店迟早关门。朋友说:为什么?我说:这家饭店傻傻地把招牌绑定在机器人上菜这件事上,一旦机器人上菜带来的新鲜感消失,这家饭店也就死了。

事实证明，我的判断很正确，那家饭店此时确实死了。我还能猜到它在死前，应该曾试图降低机器人上菜这个特色在宣传上所占的比重，转而强调饭菜滋味和其他服务特色。但垂死挣扎的最终效果，不言而喻。另一个是向来以服务立足的海底捞曾试点引进过机器人上菜。当时看到新闻我就想，不管这个试点多么火，海底捞的高层应该不会傻到真用机器人完全取代人去服务顾客。

之所以敢下这个定论，跟此时的人工智能的技术水平无关，而是我一直认为无论机器人做得多逼真，多接近甚至超过人的智能水平，都无法取代那种由人服务人才能产生的微妙感受。这是人的天性使然，技术再发展也解决不了这个问题。我相信人工智能一定会将所有可以自动化的东西全部自动化，也相信它可以真正解放人，制造出更丰富的资源和财富，甚至发展到某个极限，人可以借由它实现数字化永生。但它终归制造不出那些只能由人给人带去的东西。

写这篇文章时，我认真幻想，十年后的某个夜晚，我用植入在眼球中的移动设备登录某个卖机器人的网站，匿名订了一个机器姑娘。姑娘一到,她可以扫描我脑中对于一个完美伴侣的想象,然后将她自己彻底变成我所想象的样子。毫无疑问,跟机器姑娘一开始的日子当然美好,因为她的外观、反应、行为都是我最爱的样子。如果我允许,她甚至可以随时扫描我的大脑,每时每刻进行相应调整。

但久而久之,我一定会开始思考一个问题:纵使她无限接近人,但她毕竟不是人。我亲吻她时,她会时而娇羞,时而恼怒,这些反应很如我意,但这都是我的意识在她身上的投射,而不是她出于本能做出来的。就算她通过高级算法,彻底变成一个有故事、有自己想法的"人",她也终归不是人。她存在的使命,就是满足我的想象并服务于我,而不是带着另一个世界来跟我会合。我无法从她身上看到那种人和人才能发生的情感火花,也无法体会到那种因为爱而牺牲部分自我的悲壮。从到来的那一刻起,她就已经被我征服,就已经永远都只属于我且绝不会被夺走。她永远都只能算是我的财产,成为不了真正意义上的人生伴侣。

就像我亲爱的经理之前说的,最基本的需求同时也是最低端的需求,人总是会在满足基本需求后,寻求更深入灵魂和内心的体验。这是一种贪婪，但这种贪婪恰是人之所以为禽兽的原因之一，也是人之所以为人的原因之一。我说**人工智能可以取代很多东西，唯独取代不了人的服务，其根源就在于人是一种只有在凌驾于自我或同类之上才能获得满足的奇妙生物。**

这种感觉就像你随手掐死一只蚂蚁，你不会有任何快感，但当你能一句话定人生死，你就能瞬间感觉到所谓的力量和强大。一个机器人跟在你屁股后面擦地，你只会当它是一个扫地机器人；但一个清洁阿姨跟在你身后擦地，你一旦注意到，便可能产生很多感性的闪念。

这些闪念可以是于心不忍，可以是他人的生活竟如此艰辛，可以是被服务的优越感，甚至你会想到你同样艰辛的父母。这所有的闪念和感受，只有当一个人跟在你身后擦地时才能带给你，人工智能办不到。

记得有次在海底捞吃火锅，吃到一半，邻座突然出现一个服务小哥站在那里甩面条。我这种闷骚的人看到这种场面当然是觉得好尬，但邻座的妹子却似乎觉得很有趣。现在回想，假如当时甩面条的是一个机器人，我想无论是我还是在场的其他顾客，心理上只有一个感受，那就是：我天，厉害！如今流行的尬文化，其根源就在于，做那些事的人，是你的同类。他不是动物，也不是人工智能，所以你才有可能代入他，并觉得尴尬。

现在有些机器人已经智能到可以跟人聊天，但不用试我也知道，哪怕仅仅是说一句"谢谢"，一个机器人回答我"不客气"和一个人回答我"不客气"，带来的一定是完全不同的体验。前者只会让我觉得，这次对话结束了。后者可能会让我觉得，我尊重了别人，别人也感受到了我的尊重。也只有在类似的交流中，我所释放的那些唯有人才能释放的善意和温暖，才算是真正得到了期望中的反馈，落到了实处。

写到这里，我突然想起那次去那家机器人上菜的饭店里遇到的一个汉子。那汉子当时坐在我身后，等菜过程中，一个身材爆好的姑娘带着两个机器人站在他身边做介绍。汉子听着听着，突然说：我不想让机器人给我上菜，我想让你给我上菜。姑娘礼貌回答：我只负责介绍机器人，不负责上菜。汉子说：我知道，但我还是想让你给我上菜，哪怕机器人送过来后，你给我端上桌都行。

当时我觉得这汉子真是比我还不要脸的行走撩妹仪，并隐隐觉得他实在太缺优越感和素质。但此刻仔细一想，我突然意识到，虽然他可能并不明白他明白了什么，但他终归是比我还先一步看清楚了机器人服务人的本质和人真正所需的服务到底是什么。然而，真正令人悲伤的是这样一件事：在我关于未来的想象里，十年后，我居然还要靠买机器人解决伴侣问题。

为什么
我写不出
10万+

——

一切饮料,

不过是在水里做文章。

这是个很严肃的问题，越想越严肃。在过去，这个问题我回答过一次，由于并未深思熟虑，回答得并不彻底。最近这段时间，我像妖精窝在山洞里思考如何才能吃到唐僧肉一样，苦苦思索：为何以我的聪明才智和勤奋，居然写不出一篇10万+？

于我而言，10万+的意义不在于它能带来的名利和成就感，而在于它能在某种程度上体现一个写作者对于人心和当下社会的洞察力。

10万+不重要，洞察力很重要。阅读量低下不可怕，阅读社会的能力低下才可怕。

过去一个礼拜，我将一些影响力较大的公众号仔细研究了一番，得出一个列表。通过列表，我发现自媒体的运营之道其实就蕴含在它的名字之中。

之前我一直有个误解，认为公众号应该是一个个人专栏，写这个专栏时，应该着重强调事件背后的正义和邪恶，而不是事件本身。要常通过乱象去思考，而不是光临摹乱象。可自媒体毕竟是个媒体，而媒体，其使命就是传播，而不是判断。个人公众号不是一个个人专栏，而应该就是一本杂志或者报刊，它不需要一个一以贯之的价值观，只需要展现当下社会的部分现实。

我之前写过一句话：一切饮料，不过是在水里做文章。媒体的载体再怎么变，其本质依然是吸引公众，导致传播的发生。这是一个显而易见的道理，理解起来并不困难。可我的愚昧恰是人的愚昧，而人的愚昧，就在于哪怕看透真相，也会不愿直视。这也是为什么我会说，真相有时就像迎面走来的漂亮姑娘一样显而易见，但你却偏偏不敢看。

一旦理解自媒体的本质，并承认其存在的内在逻辑，当下自媒体的种种乱象和我写不出 10 万 + 的原因，便呼之欲出。经过并不严谨的研究,我发现,目前,除了少部分自媒体还在传递智慧和趣味以及挖掘事件背后的真相,大多数自媒体连文盲都可以运营成功。我个人将这部分自媒体分为三个类别:精准推送类、贩卖焦虑类、虚假满足类。

精准推送类的操作手段主要是针对某一个群体进行情绪撩拨。比如你是一个医生,你的关注者也是医生,那你大可以每天用三个小时坐在电脑前,在搜索框里键入"医患矛盾",从中选出最新最热最刺激的一个作为今日推文的引线,标题怎么耸人听闻怎么来,内容怎么能令医生群体觉得憋屈就怎么写。这类推文通常有个共性,就是"堆砌",就是将古往今来所发生的与某一个群体相关的事件,用文字和图片做密集化和极端化处理,让你的关注者们一看就兴奋异常。

在你搜索新闻和对事件进行筛选处理时,你可能会有一点良心不安,但你大可以用"我在为某一个群体发声"这样一件正义之袍为良心做掩护。

你也知道,你一遍又一遍重复那些极端事件,并不会令事情有所改变,反而还会加剧社会撕裂,为不同群体之间的相互了解增加困难。但发声这件事毕竟有瘾,正义之袍一旦穿上就跟睡袍一样,舒服得舍不得脱。

所以,你终会欲罢不能,到最后,你甚至会忽略事情的真相,只要事情足够极端和戏剧化,你就敢拿来用。从此,社会矛盾在你眼里,不是一个悲悯和理性的绽放之所,而是一个蕴含金矿的洞穴。你不会坏到去祈祷更多的医患事件发生,但你终会麻木到,把人间悲剧当成构建10万+的石料。精准推送类的操作手法和后果,我全然了解。

我不做,只是因为,我实在不敢自居为某一个群体发声。我的身份有两个,或者说,我愿意承认的身份只有两个:人、男人。我再自恋,也不敢为人类发声。我再傻,也不敢用冒犯姑娘的方式去为男人发声。也许你会说,发声不一定要冒犯。那你就误解了发声的本质。

发声必然伴随冒犯。就像你要为医生发声就得冒犯患者,要为教师发声就得冒犯学生,要为自己发声就得冒犯世界。

在写公众号这件事上,我真正能发声的,就只是我个人的生活和生存。就算关注我的都是中产和白领，我也实在不能把我的小伙伴取名叫 Annine 或 Abbott，因为他们的本名就是小芳和小华。

更不能说在酒吧，他们点了一杯 Martini 后，跟我聊他们的感情经历。因为他们从来都只会在路边摊一边撸猪腰子一边说他们又爱上了谁。而我真正敢冒犯并且愿意冒犯的，仅仅是笼罩在生活和生存之上的欲望巨兽和权力阴影。所以，精准推送类，我做不到。

贩卖焦虑类的本质是寻找人身上的"污点"。如果找不到，那就造一个，比如知识焦虑。根据阅读数据，大多数人对知识并不焦虑，人们焦虑的是如何才能在这个世间活成人上人，知识是通往这个目的地的工具，而不是目的地本身。

人应该要活成人上人，否则人类文明的发展就会停滞，但前提是，你得知道人是什么。比如富乃穷之上，但富的彰显方式应该是能力和素养，而不在于衣食住行用的是什么。前者无须依附，后者却需要。

需要依附的东西，一旦潮流和世道发生改变，就会由上变成下。无须依附的东西，一旦成为上，那就是真正的永垂不朽，并会在你的一生中不断显现出威力和魅力。如果你懂人是什么，就会知道，知识应该是目的地，而不是工具。它不应该是那个改变命运的按钮，而应该成为人的命运本身。

很多人从农村到城市，从城市到都市，觉得自己的命运被知识改变了，说句诛心的话，那种所谓的改变，本质上不过是换一个地方生活，换一种容易被人接受的方式去生活。你的弱小和愚昧、狭隘和盲目，远没有到那个烟消云散的终点，只是被幻象掩盖了。

而这些问题不解决，发生在他人身上的命运，依然有可能在你身上发生。你祖辈经历的，你依然要经历。

人与生俱来的污点跟人与生俱来的闪光点一样多，只要你愿意找，总能找到。但一切污点，来自比较。寻找污点的方式，就在于放大比较。你走在沙漠中，看到一棵歪脖子树，不会觉得它丑，反而会觉得它具备神秘的隐喻和旺盛的生命力。但把这棵树放进一片整齐笔直的白桦林中，你就会觉得它发育不良。

这不是树的错，也不是你的错，只是当时当下的环境给你造成的错觉。

由此可见，只要你具备营造环境的能力，你就能颠倒是非黑白、胖瘦美丑。

一张锥子脸，放在屏幕上，你会觉得精致。但把这张脸放进夜总会，精致就会荡然无存，你只会觉得，这张脸和这个场所，怎么这么天衣无缝？

一个微胖的女生，在二十岁男生眼里，有点大腹便便。但在三十岁男人的眼里，她的肚皮却可以和天鹅绒相媲美。

我这不是在辩证地看问题，而是在说，你那些与生俱来的所谓污点，本不是问题，只是有人在刻意营造环境，让你误以为那是个问题，然后驱使你去解决。这是一种陷阱，也是一种操纵他人认知的方式。

贩卖焦虑类，我做不到。我不能营造污点，也不愿卑鄙地去营造一个颠倒是非黑白的环境。人在人间本就难捱，我能提出问题，但不能去制造问题。而且，我始终认为，人既然能造出神，那人就应该具备远比神更高级的美，就算有问题，也并非来自外界，而在于自身。问题的救赎之道，依然在自身。

虚假满足类用一句话概括就是，使你的某个举动和某段时光具有意义。我见过一个搞笑的公众号，以搬运国外的一些演讲和公开课内容为主。本是知识的搬运工，不是知识的制造者，偏偏，这个公众号的简介写着"干货"这两个字；偏偏，作者还给自己挂了一串头衔。还有一个公众号，以制造各种可以给人带来虚假满足的活动达到传播目的。这个公众号的简介总让我以为，该公众号背后的运营者是DC漫画中的海王。

"黑色幽默"这个词我用过很多次，但这次我想强调，**黑色幽默的重点在于黑色，而不是幽默。**

倘若我说人间遍布黑色幽默，我不是在说，人间很有趣，而是在说，人间怎么这么暗沉。诚实地说，虽然我只有一个初中毕业证，但以我的知识储备和涉猎，以我在互联网上的搜索能力和速度，套个高帽子，做一个二手观点的贩子，绰绰有余。

我可以每天更新一篇，给人制造一种在学习、在进步的错觉。遗憾的是，在我眼里，忙完工作和学习后，毫无目的地去浪费时间简直是人间最浪漫的事情之一。

目前我人生四大爽事：一个是吃，一个是洗澡，一个是屙屎尿，一个是钓鱼。于我而言，这四件事就是我证明自己还以人的姿态活着的仪式，缺之不可。人应该进步，但二十四小时进步，那是个钻头。所以，我无法给人制造虚假满足。

我也强烈建议，如果你实在没事干，不如就闲着，不要试图通过任何碎片信息进行深度学习、培训竞争技能。你就闲着，闲到想抽自己两耳光时，你自然就会去学习。不看书不可怕，只要你还能意识到自己没看书，你就还有救。

可怕的是，没看书，还一直麻痹自己，无限期推迟那个想抽自己耳光的瞬间的到来。

这三种我会做，但我不能做。写出来就是想说，我没吃过猪肉，但我确实见过猪跑。就算我甚至没见过猪跑，我也确实看到别人在吃猪肉，毕竟吃猪肉的人总会忍不住炫耀。剩下的传递智慧和乐趣，我自觉在做，但做得还不够好。而挖掘事件背后的真相，区区一个我，肯定办不到，它需要团队和资金以及一些必要的资质证明。

综上所述，短期内，我写不出 10 万 +。

论
爱抬杠的人

——

他们不懂

自由的尺度。

总的来说，杠精是一个"跳出理性交流之外，不在无脑喷子之内"的群体。据网上流传的辨别标准，杠精大致可以分为五类。

一类是断章取义，忽略原话语境，摘出个别词做极端解读。你说：成功的人生只有一种，以自己想要的方式度过一生。杠精答：照你的说法，监狱里的犯罪分子都拥有成功的人生。

一类是概念引入，把你没提到的事，引入对话。你说：我家的电冰箱很好。杠精说：怎么，你家的电视机不好吗？或者说：怎么，别人家的电冰箱不好吗？

一类是无限放大，将对话中的个别词汇夸大后进行曲解，你说：吃饱了吗？杠精说：吃饱干吗？撑死啊。

一类是以偏概全，你说：眼睛是心灵的窗口。杠精说：所以失明的人就没有心灵的窗口？

最后一类是非此即彼，比如接下来我说我不喜欢"杠精"这个标签。有人就会说：呵，生活中的你一定是个杠精，不然你怎么会为杠精说话？

如果以上分类依然让你无法辨别杠精，那从个人感受出发，如果有一个人，说了一句话，让你很不开心、很崩溃、很想拿板砖拍他，但仔细一想，似乎他也没说错，可你就是不开心、很崩溃、很想拿板砖拍他，那你就很可能遇到了传说中的杠精。"似乎没说错但很气人"是杠精的标志，也是杠精和喷子最大的不同之处。喷子要对人造成极大杀伤力，通常会手拿钢刀，杀气腾腾；杠精要造出极大杀伤力，却可以在轻描淡写、弹指一挥间，让你吐血三升、挠墙不止。尽管如此，但我还是打算为杠精说点抬杠的话。

我不喜欢"杠精"这个标签，首先是因为这个词概括性太强，对于解决交流中的问题毫无帮助。照上文的说法，杠精分为五大类，也就是说，这个词，概括了部分人在交流中有意无意犯下的五种错误。概括错误，也就等于掩盖错误。拿标签到处贴，对贴标签后的具体问题漠不关心，最后结果一定是每个人都成了杠精，但谁也不知道自己为何成了杠精，唯有世界仍充斥尖锐刺耳的挠墙声。标签掩盖错误，还意味着拒绝理解，把人真正割裂成不同群体，失去寻找共性的可能。大多数对话都发生在对话之外，一个人反驳你，有时不是因为他不赞同你的观点，还可能是不喜欢你的语气、你表达时流露出来的姿态，甚至，他还可能把生活中象征压力的事物投射在你身上，然后予以挑战。逻辑错误，可以解释交流中的问题，但不能解释交流中的人。一个人猛刷存在感固然不对，但假如你对人有好奇心，并碰巧具备满足好奇心的条件，那就应该尝试追问刷存在感的人究竟多缺存在感。而存在感，又为何对人有如此巨大的引力。这种追问比贴标签要难，但于人于己，值得一做。

其次是杠精不管多不招人待见，它终归算是一种发声。发声不一定是沉默的反面，比如全是赞同的发声，就等同于沉默甚至还不如沉默。但有质疑的发声，再喧嚣刺耳，也一定是沉默的反面。而沉默的反面，就是社会的正面。杠精一登场，往往会一句话就终止交流，看似不利于交流，其实至少在互联网上，杠精是实现平等交流的过程中必然会发生的一种现象。就像一个孩子拥有自我意识的标志之一，是开始会跟大人"顶嘴"。互联网消除了身份限制和等级限制，所谓的权威和权力瞬间失去对个体言论的限制和裁切。这种全新的自由，一旦获得，必然会刺激人去挑战一切能挑战的，反驳一切能反驳的。

在这种目的和动机的推动下，讲道理不重要，讲赢才重要。而杠精，与其说他们不懂语言的尺度，不如说他们不懂自由的尺度。与其说他们喜欢反驳，不如说他们厌恶赞同。毕竟，在获得这种全新自由前，赞同于他们而言，就意味着示弱。从喷子过渡到杠精，是一种进步，需要时间。从杠精过渡到平等交流，也需要时间。

厌恶杠精，本质上就是提前找到自由尺度的人，鄙视还未找到自由尺度的人。

这是一个标签已经多到凡事都需要自证清白的时代。参与热点话题讨论，你首先就要证明自己不是"蹭热点"。文章开赞赏，你首先就要证明自己不是在收"智商税"。交个好看女朋友或男朋友，你首先就要证明自己不是"看脸"。进入新领域创业，你首先就要证明自己不是在"割韭菜"。朋友圈想矫情一下，你首先就要证明自己不是"玻璃心"。买个手串，你首先要证明自己不是"油腻"。秀孩子的天真顽劣，你首先要证明自己的孩子不是"熊孩子"。

标签的横行不是语言的进化，而是语言的退化。我们已经无法具体问题具体分析，只能用大而化之的自造词高度概括社会现象。概括来，概括去，最后，每个人身上都挂满标签，像一棵许愿树。

"杠精"这个标签的出现，就意味着，今后你在试图反驳前，总要加上一句：注意，我不是抬杠。这种交流的开端，实在太反智、太低幼。

大便
与
艺术

———

你不能说李白俗。

1961年，意大利艺术家皮耶罗·曼佐尼将他的大便密封在90个罐头里，等到将来出售。90个罐头里，每一个装有皮耶罗·曼佐尼大约30克的大便，每个罐头包装上有皮耶罗·曼佐尼的亲笔签名和独一无二的编号。作品完成后，他给这些惊世骇俗的作品取了个很直接的标题：艺术家的大便，并拟定售价：每克大便比照黄金的市场价格来卖。2005年，编号57的《艺术家的大便》成功拍卖11万欧元，合人民币120多万元。2007年，编号18号的《艺术家的大便》，在意大利米兰苏富比拍卖会上，拍卖了12.4万欧元，合当时的人民币150多万元。如果以每个罐头30克的大便来计算，皮耶罗·曼佐尼的每克大便早已比黄金贵。

跟很多人一样,大多数时候,我对艺术的关心程度跟对大便的关心程度一样,直到某件艺术品卖出高价,直到某个艺术家拉的大便卖出比黄金还贵的价格,我才会猛然从床上弹起,迫切地想搞清楚到底是帮什么样的人在制造所谓的艺术,又是帮什么样的人在为这些所谓的艺术买单。进而思考:那些常人难以理解的所谓艺术,真的算艺术吗?它们真的有价值吗?

对于当代艺术,我印象最深刻的,是 1995 年一群来自北京"东村"的自由艺术家创作的摄影作品《为无名山增高一米》。这幅摄影作品由十个全裸男女按体重顺序自下而上以三、二、二、二、一的人数层层裸叠,最重的人趴在最下面,最轻的伏在上面,摞叠一米,再拍照。

第一次看到那张照片,我眼里只有光溜溜的屁股。后来我无意间得知,那幅摄影作品是我国当代艺术的经典之作,原本一心想看屁股的我这才突然一激灵,决定忽略屁股凝视三秒,以示对经典的尊重。

坦白说,那时我不知道什么叫当代艺术。事实上,直到今天，我也不知道什么叫当代艺术。但这不怪我，因为当代艺术是什么，连搞当代艺术的人都没有搞明白。笼统地说，它就是一种不同于传统绘画、写作等艺术形式的观念表达方式。所以，与其说是尊重，不如说，我的凝视三秒是出于对权威的天然向往，就跟大多数人明明看不懂名著，但还是会硬看一样。

既然当代艺术是观念表达，那就有其特有的表达方式和想表达的观念。不需要任何艺术感知力也能知道，那张由人体堆叠并取名为《为无名山增高一米》的照片的表达方式，是摄影加行为艺术。可要知道它在表达什么，就会很困难。或者说，要穿过它拍下的屁股，直抵《为无名山增高一米》的本质，会很困难。但这种困难不是由智识和认知不同造成，而是缺乏基本审美训练导致的结果。

什么叫基本审美训练？比如我们从小读唐诗，因此可以接受"明月光"比喻成"地上霜"，也可以接受"无边落叶萧萧下"被写成"无边落木萧萧下"，不仅可以接受，我们甚至还能从这类描写里获得美的享受。比如我们知道"举头望明月"这个句子不单单是写诗人在看天上的月亮，在诗人抬头看月亮这个动作背后，有着某种无法直说、一旦直说便不再动人的情绪。

这种接受力和感受力并非天生,对一个文盲而言,他或许看过月光、看过霜,但他无法将这两者联系起来,可受过教育、受过基本审美训练的人就知道,霜和月光不仅可以联系,而且第一个将这两者联系起来的人深具智识和想象力。

除文学外,受过基本审美训练的我们还知道其他艺术形式里的元素在表达什么。比如面对一片纯白雪景,我们不仅会看到雪,还会想到纯洁。比如我们听摇滚乐,不会觉得喇叭里那个扯着嗓子嘶吼的哥们在犯病,而会感受到他的愤怒和不甘或者性压抑。

面对《为无名山增高一米》,光看人趴在山上这个动作,受过基本审美训练的人无须刻意想也能明白,人趴在山上一定跟人与自然相关,因为人就是人,而山就象征自然。又由于这里的人有男有女,而且还是群众喜闻乐见的裸体,那稍微思考,就能知道它还跟男女两性有关。其他更深的含义就无须明白了,因为解读当代艺术或者说解读任何一种尚未定性的艺术都是一个非常主观的行为。对于任何一个当代艺术作品的解读结果,严格来说,并没有正确与否的判定,有时,甚至连创作者本人说了也不算。

毕竟，对于任何艺术而言，被解读是创作的最后一部分，也可能是最重要的一部分，拒绝被解读，等于是从根上断掉创作存在的根基，使得创作无法完成。

说人与自然，与两性有关，听起来很玄，不足以支撑其成为经典。但有个问题是，假如换你来，你想表达人与自然的关系并加上男女两性的元素，你会怎么表达？你又如何确定你的表达方式会给人带去观念上的冲击，甚至是艺术手法的革新？也许你会说：我对如何表达没有兴趣，对观念的传递也没兴趣，老子就想看屁股。

那好，我们来谈谈屁股。世间屁股有很多种，有胖的，有瘦的，有坚挺的，有平坦的，还有黑的、白的和没擦干净的。在不同场景看到不同的屁股，人会有不同的感受，这点毋庸置疑。

许多生活里寻常可见的东西，之所以一被放进展览馆、被艺术家签了名就成了艺术品，不是因为那件东西本身就是艺术，而是那件东西恰好被一名艺术家拿来，作为一种表达的工具。大多数时候，人就是人，山就是山，跟性和自然无关。但当他们被拍下来，被放进展览馆，他们也就有了不同的象征意义。

工具的价值是其本身的价值，比如大便，它的价值是做肥料,但当皮耶罗·曼佐尼把大便封装起来,取名为《艺术家的大便》,用以嘲讽那些认为艺术品很值钱的人时,这坨大便所包含的观念,在被震撼到的人的眼里,就值上百万。就像你或许会觉得你当下的生活是一坨大便,跟艺术与美毫无关联。但假如,你愿意经年累月拍下你每天的生活,并放进展览馆,自然也会有人认为你大便一样的生活,是一种艺术。尽管那不一定是你的初衷,尽管你可能就是想让大家看,你的生活多么像一坨大便。

很少有人会花高价买一坨大便,低价也不会。因为在很多人眼里,大便就是大便,谁拉的,拉在哪儿,改变不了大便的本质。但这不是大便的错,而是很多人没有那种被唤起的习惯,也没准备接受某种观念,更没打算让内心的某种观念去让他人嘲讽、冲击。有时他们确实被嘲讽、冲击到,也没有能力为那些震撼到他们的人、对人类艺术史造成影响的人,献上世俗的赞美和灵魂深处的诚服。

大便的意义是什么,对于不关心艺术的人而言,不重要。但一件应该重要的事情是:**为什么当你试图嘲讽一样东西时,只能骂它是大便,而从未想过将一坨大便包装成一个作品,以表达你的嘲讽?**

在很多人眼里，《蒙娜丽莎》和《向日葵》是艺术品，因为这两幅画他们画不出来。可大便，谁没有？怎么艺术家的大便就值那么多钱？其实皮耶罗·曼佐尼本人也是这样想的：既然你们觉得艺术家创造的东西值钱，那好，我拉一坨大便出来，然后跟黄金同价，便宜了我还不卖，你们买不买？

类似的对于艺术的嘲讽，从杜尚的《泉》到皮耶罗·曼佐尼的大便，当代艺术里层出不穷。参与创作《为无名山增高一米》的左小祖咒，后来根据《为无名山增高一米》创作了《我也爱当代艺术》。而《我也爱当代艺术》这幅摄影作品对当代艺术的恶毒嘲讽，比那些只能口头表达艺术是大便的人，聪明太多，想象力也高出太多。在《我也爱当代艺术》里，左小祖咒把活猪堆叠在一起，表示，既然你们都爱当代艺术，那猪，也可以爱。

换句话说，一直以来，不仅是艺术之外的人在讽刺艺术、调侃艺术，甚至连创造艺术的艺术家们，也在不断探讨艺术的本质，追问何为艺术，不断在更新观念和思想的传递手段。区别不过是，左小祖咒用的是猪，皮耶罗·曼佐尼用的是大便。但与普罗大众对艺术的批判不同，艺术家的批判不是为了否定艺术，也不是要颠覆艺术，而是尝试在前人的基础上更逼近艺术本质，更逼近适合自己的表达形式和手段。

为什么现在把一样东西画得很像不算艺术，而一定要有变形，要有色彩的大胆运用？不是因为现在的艺术家都不会画画，只会玩玄之又玄的概念。卖大便的皮耶罗·曼佐尼是一个很厉害的画家，把一样东西画得像实物，对他而言毫无困难。其他在追问何为艺术的艺术家也一样，他们都是从最基本的审美出发，用传统创作手段表达自己，然后在某个时刻，突然对传统的艺术表现形式产生怀疑，或者干脆认为传统的表达形式太过平庸，不足以传递他们的观念，这才转而走向一条令普罗大众甚至连当时同期艺术家都看不懂的路。

之前在网上，我看到有人说，为何现在裸体画像没人画了，因为人体已经被电影或者写真彻底暴露了。这是种非常浅薄的说法。很久前的裸体画像之所以是艺术，是因为在那时人之美被神之美压迫，所以那些敢于通过描绘人体体现人之美的艺术家，对当时的人的观念产生了颠覆性的冲击，并对何为美的问题，给出了过去从未有过的答案。现在没有艺术家再把普通人体画成经典，是因为人可以美如神已成为广被接受的观念，再没有表达的必要和价值。就如现在你再把月光写成霜，大家只会觉得俗，但你不能说李白俗。

那些真正的艺术家批判艺术的价值就在这里：他们从来不是为了让谁懂，也不是为了赚钱，更不是像阴谋论者说的那样是为了洗钱，他们用无数被称为艺术但又极端到令常人难以理解的手段批判艺术，就只是想让艺术这颗在人类文明史上跟科学齐名的珍珠历久弥新，不断夯实其存在的价值和意义。为了达到这个目的，为了找到一条与前人不同但依然能完美表达自己的路，这帮艺术家不断在逼近他们想象力和执行力的极限。

一切艺术品，都是某种观念和思想的载体，不懂一件艺术品，错过一种观念和思想并不可惜，因为人总要错过些什么。

但因为不懂艺术品，在错过一种观念和思想后，甚至不愿绕过艺术作品去了解背后的艺术家，了解他们为了表达自己、实现自己而做出的努力和对当下时代的超越，反而还要完全无知或为了取悦普罗大众而装无知去讽刺、调侃他们，这不是轻视艺术，而是轻视努力和天赋。

再谈谈皮耶罗·曼佐尼。这哥们寿命很短，只活了29年，那90罐引起争议的大便，是他在50年前制造的。一个50年前就会用大便嘲讽当代艺术的人，我不知道他算不算一个艺术家，但他至少比我聪明。更有趣的是，时至今日，那90个罐头里封装的到底是不是大便，没人知道。没买的人不知道，买的人不会打开，因为一打开，那个罐头就失去了价值。这等于说，在没人看过的情况下，皮耶罗·曼佐尼使人相信罐头里的东西是他的大便，并且还使人相信那个罐头里的大便是对当代艺术和那些对当代艺术一窍不通但盲目崇拜的人的嘲讽。从这点来看，他比绝大多数人要聪明。

所以，真正的问题不是大便到底是不是艺术，艺术到底是不是大便，真正的问题是：**我们为何不能对那些明显比我们优秀、勇敢的人类，报以基本的尊重？**

人类到底需不需要艺术，这是个巨大的问题。但人类需要一群倔强的艺术家用超乎常人想象的方式来提醒：有些更有趣的思想和更闪亮的表达方式，未被前人探尽。

我们，不能停在原地。

好人与鸭腿

——

一个人,能做到一个人的样子,
就配得上一切赞美。

小时候，每当我跟我姐抢鸭腿吃，爸妈总会出面调停，调停的手段是让我姐把鸭腿让给我。多年后，想起往事，出于对我姐的深深愧疚，我便在一个午后无比动情地对她说，谢谢你曾把鸭腿都让给我。原以为此话一出，她不说痛哭流涕，抱着我说这些年没白疼你，至少也会摸摸我的头表示，你知道就好。谁料她微微一笑说：其实我本来就不爱吃鸭腿。我大惊失色，问：那你当初跟我抢什么？她说：不跟你抢一下再让，怎么能显出我比你懂事呢？

她的话对那时我的"三观"造成一定的摧毁。我一直觉得，她把鸭腿让给我吃，是出于爱而做出的巨大牺牲。我一直觉得，那些年我不惜背负自私这个罪名换来多一个鸭腿,物超所值。知道真相后,我只想感叹,果然强中自有强中手,都是一个娘胎出来的,都是第一次做人,谁也占不到谁的便宜。

抛开姐弟情深不谈,我姐把属于她的鸭腿让给我,确确实实是在做好事。那只鸭腿从鸭身上卸下来,就写定是她的,她可以吃,也可以喂狗,但最终,她选择了喂我。而我自然是个坏人,因为我为了满足口腹之欲,强行要求他人做出牺牲。但其中有个问题:我爸妈在当时扮演的是一个怎样的角色?

在我眼里,一个人,能做到一个人的样子,就配得上一切赞美。而我认为的人的样子,就是遵守规则,不越底线。但在很多人眼里,这还不够。你不插队,不能算是好人,还必须得让有急事的人插队,才能算得上是好人。多年前,我在某银行排队,一大妈跑过来说她有急事,让我让让。我扭头一看后面没多少人,就说:阿姨,你再排排,要不了几分钟。立刻,大妈急了,提高音调说:年轻人怎么这么不懂礼貌。我还没说话,队伍后面的人见安静的银行起了波澜,第一反应是指责我,说年轻人让一下没事。有的人说话好听点，拐着弯说：年轻人，大妈的语气可能不对，但你让一下也没什么。——实际上还是在指责我。

当时我就觉得非常无力。我只是在立刻让开外，提了另一个建议，并没有表明绝对不让，但争端一起，很多人第一反应却是指责我，而不是指责那个在请求别人帮助但并没有拿出请求姿态的人。也是在那一刻，我突然明白：世上有一部分人之所以提倡他人做好人、勤让步、敢牺牲，不是真为了让社会更美好，而只是因为，在好人与坏人之间，好人容易控制，道德水平高的人容易宽容。只要控制住好人，很多争端便能平息，大家就又可以顺利排队，安居乐业，和和美美。

坏人呢？不重要，只要他下次出现时，不在我的生活里就好。

我并非是要人拒绝善良，事实上，善良有时是种本能，拒绝不了。我是认为，"好人"分为两种：一种极其强大，可以不受捆绑，不受恐吓，在过好生活之余再去帮助他人；一种是懦弱的"好人"，做好事时没有快感，只有负担和完成任务后的释然。强大的好人是真正的规则捍卫者，因为他的生活处于稳定的美好中，他不会允许任何人来破坏既定规则。懦弱的好人则常常被坏人利用其虚幻的道德崇高感而不断得寸进尺。

我希望每个好人都能成为强大的好人,绝不违心做牺牲,绝不怜悯不该怜悯的人,绝不对破坏规则者做哪怕一寸的让步。

但做到这一点,有时却必须特立独行。我们认知中的好人都是有求必应的,都是临死前还想着邻居家的猪还没吃晚饭的,都是可以帮助素昧平生的人的,甚至是必须被讹两次的。

这就使得被公认的好人只剩懦弱的好人,因为只有他们做到了真正的不拒绝、不伤害、敢于牺牲自己,不管那牺牲有必要没必要,不管那牺牲是否会伤害到那些在意他的人。而这种人仿佛是被上天选定要承受不公的命运,因为他们脸上就写了"好人"这两个字,不管普通人还是坏人,一看就知道:假如这人身上有我需要的东西,我一定可以成功拿到。因为,他是个好人。

这种情形有点像一个聪明人跟一个疯子关在一个房间里,疯子手里拿着一把刀,天天喊着要同归于尽。聪明人不想死,只能不断后退。一旦某天聪明人不想退,跟疯子同归于尽,房间外的人便会指着聪明人的尸体说:这人真傻,明知那是个疯子,还不退。——这也是那句"狗咬你一口,难道你还要咬回去"的逻辑。恰恰是这种逻辑,在凌辱无数心存美好的人,也在凌辱那些因为懦弱而做好人的人。

这类人行走于人间,被蒙骗、被伤害是大概率事件,因为他身上的气质甚至可以从某种程度上激发人内心的恶。就像多年前的我,走在街上,总会吸引长手长脚的骗子过来要钱。起初我天真地以为自己之所以常被骗子盯上,是因为气质出众,一看就是有钱人。后来我才发现骗子骗我时都会先打量一眼,然后轻声说句"五块"。我就明白,原来骗子之所以盯上我,是因为我长了一张好欺负的脸。

我不知道各位有没有想过牺牲的本质到底是什么。我是湖南人,跟朋友吃饭,他吃不了辣,于是我也不点辣菜,这是牺牲。你很爱一个人,愿意为他改变一点原本的自己,这是牺牲。在街头,你看到一个人倒在地上,不顾上班马上要迟到,跑过去扶起他,送去医院,这是牺牲。这些牺牲都是善良和美好的体现,也是一个人会由心而发并从中获得乐趣的好事。

可有些牺牲是什么呢?你的朋友说你点辣菜就跟你绝交,于是你从了。你爱的人,说你不改,就不爱你,于是你从了。你在街头,看到一个倒地不起的人,跑过去扶他起来。他拉着你说

"送佛送到西，最好你帮我把医药费也垫了"，于是你从了。这些牺牲都属于被捆绑和被恐吓，而且这种让步对于任何个体关系和整个社会都无正面作用，甚至会助纣为虐，让一部分爱占便宜的人更胆大妄为。

而我真正要反对的，还不是上述那些由性格导致的被动付出。我要反对的，是以牺牲个体为代价，去弥补规则和制度的漏洞。比如所谓的好人榜，在那个榜上，你能看到上榜的人几乎没有一个是以人的形象出现，他们的故事呈现出来的，大多是一个受难者、被虐者，而不是一个堂堂正正的人。好人的名号，让他们身披金光，但一道道金光背后，却是亟待解决的一个个黑洞。

我一直认为，好人跟坏人总是相伴相生，世上哪里有好事，哪里就一定有坏事；哪里有牺牲，哪里就一定有索取。遗憾的是，当我们深陷于好人带来的感动和震撼时，从不会多问一句，为何他要这样？他必须这样吗？就像多年前，我跟姐姐抢鸭腿，姐姐做了好人，我做了恶人，但在事情的背后，真正的问题却是我父母没有定下一个明确的规则。他们没有说，一人一个，另一个吃完了，不准再抢。他们更没有说，你们姐弟之间可以互相让,但我们不提倡,因为这事已经很公平了。其实当一切公平时,本来就无所谓让不让、退不退步,毕竟在那样一个环境里,谁也不愿做那个自私者,就算别人主动让,也没人敢接。因为你怎肯承认,自己的道德水平不如他人?你怎肯在一切都已满足的情况下,还戴上"不守规则""贪婪"的帽子?

这也是为什么我一直想,假如未来我有个孩子,我希望他能天真善良,但同时,他也必须具备防备之心和基本智商。我不会教他任何阴暗的背面,但我希望,他至少有能力,摔过一次后,爬起来吐掉嘴里的血,扭头一看就知道,原来这里有个坑。而不是一个坑一个坑去踩,最终遍体鳞伤,只获得区区一个好人名号。

假如有两个孩子,那可能就有点麻烦;假如他们开始抢鸭腿,那就更麻烦。一只鸭只有两条腿,一个公平的规则我可以定,但问题是,俩兔崽子分完腿,我这个老兔子吃什么?假如真有那一天,我想我应该会拿出一副扑克牌,跟他们斗一把地主,打牌之前就讲定:赢家通吃,输家啃白饭,看着赢家通吃。我有很大的把握通过斗地主这种方式,完美解决鸭腿争端,既不让他们之一做牺牲,也不让他们之一背负贪婪的骂名,顺便还可以锻炼他们的动脑能力，在一定程度上教会他们什么叫愿赌服输、姜还是老的辣。想想这个寓教于乐的场景，我想我应该可以把他们教育成两个强大的好人。为此他们所需付出的代价，可能就是从小到大，没尝过鸭腿。

当我
说爱你时，
我在说什么

——

我很小

就认识了爱情。

熬过灰暗寒冷的冬天,惊蛰后,万物被滚滚春雷惊醒。毫无疑问,春天到了。毫无疑问,春天是个适合恋爱的季节。这个季节有水,水里有草,草里有鱼,鱼追逐漂在水面的花瓣,花瓣一晃,消失在蓝天白云的倒影里。不用谁借我一双慧眼,我也能看到,此刻和万物一起苏醒,一起假装去年什么也没发生的还有你们胸腔里那头莽撞的小鹿。

如果我没猜错,在你们过往的人生里,那头小鹿已无数次宣告死亡。而无数次宣告死亡的另一种说法就是无数次复活。要我说,在这个美妙的季节,那头小鹿就应该复活,就应该去找另一头莽撞的小鹿,一起去野外踏青,一起去看看鱼和水,一起去看看湿漉漉的花瓣和树枝，一起躺在青青草地上，面朝蓝天白云，唱上一曲《天堂》。

之后的事，再说。

我很小就认识了爱情，或者说类似爱情的东西，那个美妙的春天降临时，我七八岁，她十一二岁。在那天之前，我没见过她，她也没见过我。那天我跟村里的小伙伴外出撒野，路过一个村庄，村庄入口有间瓦房，瓦房门口有口老井。

我突然口渴，就站在门口喊：有没有人？几秒后，她从门口探头，看着我。我说：姐姐，我想喝水。她转身进屋，出来时手里拿着一个桶和一块毛巾。我接过桶打了半桶水，用手捧着喝了几口。喝完刚要走，她盈盈地笑着把毛巾递过来，说：小弟弟，你脸上很脏，擦一擦。

时至今日，我已经忘了她的模样，也忘了那天她家门口挂满花瓣的是棵什么植物，但我记得那块毛巾左下方破了个洞，也记得那块毛巾上淡淡的香味。也正是毛巾上的香味，让我把毛巾捂在脸上时，瞬间意识到，这块毛巾是她自己的。

那个瞬间，我感觉自己像把整个春天摁进了水里，又拿出来拧干，擦了把脸。回家的路上，我没心思撒野，一门心思想着毛巾上的味道，想着要是能和这种味道一直待在一起，那该多好。那时我不懂那种心思叫什么。很久以后，我才知道，在那个春天的那个瞬间，有一件书上没写、老师没教、父母不说的大事，在我身上轰隆隆发生了。

遗憾的是，不是每一种情感都有告白的机会，不是每种奇迹般的美妙都能有幸重温。那个春天后，我再没见过她。后来有一次，坐车路过那个村庄，我扭头看向那间瓦房，瓦房已经翻新成红砖房，老井也已经被填。见我突然走神，那天坐在我身边的姑娘问我：怎么了？我说：没事。姑娘探身回望一眼，说：刚才那栋房子不会是你前女友家吧？我一愣，说：你还真他娘冰雪聪明，不过，她不是我前女友，只是见过一面的朋友。

姑娘略带哀怨说：不是我聪明，而是我时常感觉，闭着眼睛往镇上扔块砖头，都能砸中一个你的前女友。我摸摸她的头，说：你夸张了，随机扔一块砖头不可能砸中一个我的前任，扔两块，估计就，还有可能。

我的爱情意念启蒙来自一块毛巾，我的性启蒙，则来自一片月光。我知道,比起爱情意念的启蒙,人们通常会更关心一个人的性启蒙,就像你们并不关心诗,但会关心春天到底对樱桃树做了什么。

可有些事不宜展开,我能交代的,就是月圆风高的夏夜,夏娃在一片齐腰高的杂草中央,面朝亚当,脱下身上的树叶,在亚当眼里投下一个身披月光、肤如凝脂的圣洁身影。那一刻,宗教、文化、艺术、宇宙全部湮灭。四海八荒,娑婆世界,全凝聚在那不足一平方米的月光里。于我而言,那个夜晚不是沉浸式体验,而是溺毙般的体验。

我想,每个哥们应该都和我一样,在爱情里,从香味到体味,从想得到一种感觉到想得到某一个人,然后在某个瞬间,突然就会想:爱情,到底是个什么鬼?关于这个问题,很多人给出过解释。可爱情有时在世间确实是个灵异事件。见过的人深信不疑,并会绘声绘色予以描述;没见过的人,只能看别人绘声绘色予以描述,然后想:呵,啤酒有的是,你接着吹。

实际上,当我打下"爱情"这两个字时,你看到的是两个简单的符号。符号没意义,有意义的是这两个符号总可以轻易指向人内心深处那些玄妙的想象和幽深的记忆。符号学里，任何单一符号都可以分成意符和意指两部分。

比如玫瑰，其意符是一种植物，蔷薇科落叶灌木；意指是爱情的意念。当下流行的打造人设、品牌营销，本质上是使一个固定形象除意符外，拥有意指部分。这是因为，单一符号的意符部分，大多数时候并不具备使人主动联想、被动共鸣的神秘力量，意指却可以。正如于我而言，破了洞的毛巾不重要，它象征的温暖和美好却很重要。那个夏夜的月光不重要，它映照下的性启蒙却很重要。

所谓的品牌形象受损和人设崩塌，就是指一个符号的意指受到了某种程度的破坏。那如此来看，当我们在说"我爱你"时，我们在说什么？当我们说不相信爱情时，我们真正不相信的又是什么？爱情这两个符号的意指，是怎样在我们内心破碎，又是怎样在我们内心弥合？我们内心深处那头小鹿，是怎样变成了薛定谔的鹿，一会儿死一会儿活，一会儿要死不活？扯了一通符号学后，如果我说我不知道问题的答案，你们一定想把书撕掉，然后一边烧一边祝福我余生不要过得太好。可我真的不知道，或者说，我不太确定我知道的是否正确。

从理性的角度来看，爱情就是激素和多巴胺。人间任意两个人，一起逛六个月街，聊六个月天，睡六个月觉，做六个月饭，激情总会消退大半。关于这点，我六年级时就恍惚意识到，一旦跟同一个姑娘写情书太久，就会不太想继续写下去。毕竟我已经从爱她一万年写到爱她一万亿年，而那时我脑海里数字的极限，刚好就是一万亿。再写就只能写爱她××年，××让她自己填。可让她自己填，那爱情这事还有什么意思？

从感性的角度来看，爱情不过是人类用文艺作品不断美化的一个概念："你是人间四月天""今夜我不关心人类，只关心你""爱是触碰又收回的手""爱是不死的欲望，疲惫生活里的英雄梦想""罗密欧和朱丽叶""梁山伯与祝英台""我们站着，不说话，就十分美好"……所有这些诗的语言和诗一般美好的故事，投射在我们心中，化为"爱情"这个符号意指的一部分。

但很可能，文艺作品营造出来的爱情是一个伪概念。现实中，北方的人间四月天并不美好；今夜他不关心人类，除了关心你，也可能是在关心自己；爱是触碰又收回的手，很可能是你发现自己是小三；人们内心不死的欲望，如今必然不是爱。更惨烈的是，你不是罗密欧或梁山伯，她不是朱丽叶或祝英台。你不帅，睡觉会打呼噜，醒来有口气，赚不到很多钱，性方面没有能力拉抬全国男性的平均标准，甚至还可能拖了后腿。她也不是女神，经常搞砸一些事，内衣不成套；你喜欢的那些事物，她不一定都懂；你不喜欢的事，她总是要插嘴。这世界不会阻止你们在一起，也不会让你们死后化蝶。

在漫长而沉重的生活里，你们不会如风儿和沙儿般缠绵，反而更像疯子和傻子般缩在人间一个小小的角落，在每个日升日落的罅隙，聊聊天气和蔬菜，玩玩手机，逗逗孩子。

如此数十载，某天你会突然怀疑，丘比特是不是瞎射了箭，早上在你枕边醒来的那个人，到底符不符合你最初想要的爱情。一旦你有这种怀疑，那也就意味着，那些和爱情有关的伪概念，开始在你身上展现威力。然后，你会错把纯粹的性欲当成纯粹的激情，把聊得来的异性当成灵魂伴侣。可一旦涉及"灵魂"这个词，接下来我总会问一句：你连咖啡伴侣为什么由奶精做成都不知道，又怎么确定那个和你聊了几句的姑娘就是你的灵魂伴侣?

我从未怀疑过爱情的存在，就像我从未怀疑过自己的存在。但与此同时，就像我经常思考自己到底该以怎样的形式存在一样，我也思考过我的爱情到底该以怎样的形式存在。

生理层面的激素和多巴胺，每个人都一样，但心理层面的爱情意念，每个人都应该不一样。倘若真如此，每个人所说的我爱你，应该就包含了他对那些与爱情有关的事物的认知。于我而言，那些事物就是毛巾、月光、草地、头发，而我对这些事物的认知就是温暖、美好、性欲、迷幻。于你和他而言，与爱情有关的事物也许是被夕阳笼罩的阳台，也许是天边一朵漫无目的飘浮的云，甚至还可能是原本冰冷且没有美感的某座城市。

这些事物伴随切实的经历植入你的记忆，而你对这些事物的认知，比来自文艺作品里的那些完美却虚假的概念更为可信，也更接近爱情本身。诗和生活的差距，有时恰是爱情的概念和爱情本身的差距。

所以，有时我们说不相信爱情，很可能是在说不相信那些纯粹的、浪漫化的、被人类用想象力加工过的爱情。只是矫枉过正，从一个极端奔向另一个极端。这世上有没有人会为心上人献出生命,我们会怀疑。但我们并不怀疑这世上存在能同甘共苦、不离不弃的两个人。我们不相信这世上会存在王子和公主的童话结尾,但我们依然会相信,在故事的结尾,我们会找到那个让我们愿意开启新生活的人。新生活愉不愉快,再说,先没羞没臊地过着。

　　子曾经曰过：人无远虑,必有近忧。但我二十六年的人生经历却告诉我：人若只有远虑,必定不幸福。原因是,未来的未来即是过去的过去,前方的前方即是身后的身后。替还没出生的孩子取一个名字,其意义真不如两个人好好坐着,吃好眼前这顿晚餐。人加时间,就是一个复杂的系统。假如蝴蝶效应真的存在,那也就意味着,哪怕发生在遥远如盘古开天地时的事情,一旦成为你的经历,输入你的心智,当时再微不足道,也会随岁月流转和你的成长,在某个瞬间释放出巨大力量。从这点来看,爱情不是关于未来的想象,也不是当下那头在胸腔里乱撞的小鹿,而是早在很久以前你就随身携带的一系列因,在最后结出的果。属于每个人的果不尽相同,不管这个果是什么味道,我或者你或者他,唯一应该坚信的就是,它毕竟脱胎于美好。只是偶尔,它会结成一朵"奇葩"。

可纵使结成"奇葩",也不是果的问题,而是从一开始,你对你身上的那些因没有一个清楚的认识。你喜欢夕阳柔软的光,却偏偏迷恋烈女唇边那抹艳丽的红;你只想找个宽阔的胸膛,却偏偏为爱情假装强壮。这些偏偏也就是我们对爱情的偏离。付出和收获,在哪儿都不对等。爱情最大的公平,就是从来没人可以轻易得到。

生活中,我不常说我爱你,但我却经常走神。每当我走神,我身边的姑娘,有的会默默陪着,有的会温柔地问:你在想什么?还有的,会如前文提到的姑娘一样,顿悟般大声疾呼:你是不是又看到了前女友?其实,准确地说:有时我发呆不是走神,而是入神。这两个词看似区别不大,却可以说明,当我身边有姑娘时,我不是没心思跟她待在一起,而是每当我身处极致的愉悦和平静的幸福中时,我总会不由自主暗自琢磨那些同样象征极致愉悦和平静幸福的美妙事物。我从不怀念具体的人,但我怀念那些影响过我,并最终打造了我的因。假如我是一个在人间行走的符号,它们就是那些不能为他人所感知的意指,也是我认知的爱情的全部。我确实不常对姑娘说我爱你,但等我入神后,等我转过脸来,姑娘——

请你务必用心,看着我的眼睛。

论
杀马特

——

爱我

你怕了吗?

说起杀马特，不得不提杀马特的代表：葬爱家族。在外人看来，这个家族成员的标志是头顶夸张的发型发色，身上挂有繁复冗余的饰品，脸上化有花哨个性的妆容，逢人必说：爱我你怕了吗？整个就像是从外星球来的生物，跟时尚和美毫无关联。但葬爱家族的内部成员不这样看。事实上，葬爱家族族谱上第一句话就是"世上有且只有葬爱家族站在时尚之巅"。

我没那个荣幸能一窥葬爱家族的族谱，上面那句话是一个朋友告诉我的。那时我还年轻，他也年轻，当时他满脸骄傲地说完那句话，捋直紫色刘海，接着说：你不要羡慕我们家族，世上没有人能随随便便成功，我们家族也是历经千难万苦，打败狂爱和忘爱两大家族后，才取得今天对时尚的统治地位。我说：厉害。他邪魅一笑，说：爱我你怕了吗？

据研究我国杀马特文化的人称，杀马特起源于部分青年对日本视觉系乐团的模仿，只是东施效颦，最后演变成用另类怪诞的形象挑战公众的审美神经。但据我的研究表明，杀马特之所以处于美和土之间，显得怪诞，主要源于拥有这种审美趋向的人是小镇青年。

从这点来看，杀马特是否时尚暂时不说，杀马特在审美中的地位确实非常吻合杀马特们在现实中的生存状态。

作为小镇青年之一，这种舅舅不疼姥姥不爱的生存状态我感受过。多年前，我染过一次发，因为那次染发，村里人觉得我以后怕是要成为一个流氓，城里的姑娘则觉得我连当流氓都不够格，电话号码都不愿给我。

我当然不认为染头发和当流氓之间有什么因果联系，我当时染发，仅仅是想从农村人变成城里人，只是这一步跨得不好，直接停留在两者之间。所以，与其说我染的是头发，不如说我想染的是一种身份。只是出来的颜色效果不好，落了个谁也不像。

经受过现代审美训练的人都会认为杀马特土，因为现代审美的核心就是简洁等于优雅，优雅等于美。

杀马特土，在于它繁复和不必要，与简洁背离。

专家说杀马特们打扮成杀马特，目的是要刻意挑战公众的审美神经，以获得话语权和存在感。我觉得这是对杀马特和杀马特们的双重高估。

人间的美有很多种，其中之一，必然是对美的向往。东施效颦被笑了几千年，我一直认为这对东施不公平。美不是终点，也没有终点。杀马特的出现，绝不是因为部分小镇青年刻意扮丑，而是因为他们在试图变美。杀马特装扮，是他们走向美的途中展露出来的一个姿态。

这个姿态或许别扭，也很可能不是美本身，但不可否认，它是一个追求美的仪式。杀马特很土，但这个追求美的仪式，不土。用抨击的方式对待杀马特，本质上是否定一部分人向上的努力。

另外，如果说西施是美的统称，那么现实生活中，那些象征美好生活的事物，比如品牌、身材、妆容，就是西施的一部分。通过付出成本来抵达完美生活的我们，都属于东施效颦。消费时代的本质，就是定义美，但会把美限制在可模仿的程度，以便供人追求。杀马特们追求的，也是一种被定义的时尚，只是，这是一种小镇青年唯一付得起成本去追求的时尚，也是小镇青年几乎唯一能想到的迅速获得身份认同的方式。

2012年，有个小镇青年约瑟翰·庞麦郎唱了首《我的滑板鞋》，在这首歌里，约瑟翰·庞麦郎讲述了他对于一双精美时尚的滑板鞋的渴望。尽管他的讲述很深情，他的渴望也很动人，但这首歌还是被称为杀马特之歌。

面对这首歌，再严肃的分析也像调侃，再真诚的喜爱也像高级黑。歌里有几句词，其实写出了小镇青年在追求时尚和梦想的路上的真正状态：月光下我看到自己的身影／有时很远有时很近／感到一种力量驱使我的脚步。而格外有趣的是这样一件事：当小镇青年庞明涛取名叫约瑟翰·庞麦郎时，一群出没在商务大厦里、各有英文名的"大城青年"，居然会觉得他很搞笑。

注意力
谋杀

——

我相信你也抗拒过,

并因此而焦虑。

赌十只皮皮虾,如今除非天时地利人和,否则你根本无法进行哪怕半小时深度阅读。你打开一本书,五分钟后,你会想摸出手机看一眼。十分钟后,你会不记得上一分钟看了些什么字。如果你打开的是一本工具书,你会迫不及待去看想了解的部分。如果是一本小说,你会通过目录直奔情节高潮所在,没耐心去看情节推进和人物性格转变。就像很多网络小说作者熟知的那样,读者不关心景物描写和人物塑造,只要爽。你和我,就是读者之一。

很多人去买名著,最大目的不过是想从中寻找那些流传很广的金句。我们需要颜如玉和黄金屋,但我们并不打算搞清楚颜如玉的诞生过程和黄金屋的建筑过程。一本《百年孤独》,有人看完第一句"多年后,面对行刑队……",就觉得灵魂受到了洗礼。还有人因为在朋友圈看到"生而为人,我很抱歉",就去买《人间失格》。

结果整本书看完,找不到这句话,就问:怎么没有看到那句话啊?能看到就怪了,这句话根本不出自《人间失格》,也不是太宰治原创。如果你的阅读不是发生在纸质书上,而是发生在手机屏幕上,那数不清的通知和消息提示音,会将你的注意力瞬间撕碎。

不久前的跨年夜,罗振宇在《时间的朋友》的演讲上,用童话故事《豌豆公主》做例子,说明人的体验可以培养,而且一旦培养成功,几乎不可逆。

很多人没意识到,在注意力经济时代,用户不再是一个可以推销产品的群体,而就是产品本身。就像很多人开公众号,其目的不是吸引人来看推送,而是要通过推送把一群人的注意力吸引过来,再将这部分注意力向其他商家出售。关注者在他眼里,不是输出产品的对象,而是可以打造成产品的原材料。打造过程,就是一个吸引注意力、培养独特体验的过程。因此，你会看到每天准时准点的推送，推送内容的内核高度统一；还会看到无数自媒体在标题上下功夫，力求一秒内吸引关注者的注意力，获得占领关注者心智的先机。

由于要的只是关注者的注意力，所以他们根本不在意推送的价值几何，也不在意他的推送会不会提高关注者的注意力集中的阈值，所谓的道德风险和社会责任，在他们看来，不值一提。自媒体之前，世上能做到"不畏人言"的人很少；自媒体之后，不畏人言的人到处都是，而且势必会越来越多。毕竟在当下，畏人言，就意味着你无法为他人代言。无法为他人代言，就意味着他人不会把注意力送给你。

除了自媒体，其他互联网公司和网红，也在不惜心血和脸皮去争夺人们的注意力。作为人们之一的你，我相信你也抗拒过，并因此而焦虑。但你就像罗振宇口中的豌豆公主，当这位公主习惯了睡极其柔软的床，突然在棉被底下放一粒豌豆，她就会彻夜难眠，浑身酸痛。

试想，当你习惯阅读简单粗暴的标题和速成法则，怎么可能还会去看不施脂粉的文章和脚踏实地的提升方式？你习惯了极端情节和撩人情绪的文字，怎么可能还会去看渐次推进的人物命运和人性的复杂？一个专栏就能让你实现财富自由，你哪里还有心思去洞察自身不足、研究社会变迁产生的需求空洞？

几天前我在公众号上卖书，很多人问我：为什么不给个链接？为了适应他们，我可以给。但问题是，如果他真的想要一件东西，为什么会要别人送到手里，连多动一下手指都不行？还是如今很多人，已经无法分辨自己想不想要某件东西，早习惯在既定的环境和氛围里，坦然接受他人拱手送来的一切？

我确实可以提供链接，如果条件允许，我甚至还能远程协助代替他们买，但坦白说，这事就像一位父亲为已经成年的孩子打点好一切一样，表面看，是爱，其实却是无声无形的嘲讽和轻蔑。

每个人都可以当自己是公主，可以接受自己被培养成公主，但我们终归不是公主，我们的生活不可能在什么都不做的前提下发生任何正向变化。而《豌豆公主》的童话故事，不管后人如何解读，它的本意永远是讽刺贵族的娇柔和不堪一击。

几天前，我玩了三分钟《跳一跳》，当我意识到，每当那个小人掉下来，我都会迫不及待地玩下一局时，我立刻把游戏关了。我不是一个不玩游戏的人，但我玩游戏的目的必然跟现实生活有关。

比如身边的朋友都在玩《王者荣耀》，我就会把《王者荣耀》练到饭后开黑不拉他们后腿。但《跳一跳》，我实在不知道它跟我的现实生活有什么关联，它唯一起到的作用，就是缓解我在现实中的无聊。碰巧，无聊于我而言，是一种迫使人去寻找事情干的动力。我不愿这种动力被无尽的循环、枯燥和焦虑消耗。

我不会讨厌无聊的自己，但我会非常讨厌因为无聊而去做一件更无聊的事的自己。

很多年前就有智者预言，信息时代的本质是一场注意力争夺战，谁赢得注意力就赢得一切。现在很多互联网公司不再谈注意力，但都在竭力争夺人们的碎片时间。一是因为很多人的碎片时间确确实实不知往哪儿花，稍一勾引就能夺走。二是因为在碎片时间产生的情境里，人的注意力处于最涣散同时又最容易被集中的状态。你睡前躺在床上，此时他人的言论就如情人耳语，轻易就能钻进你的内心深处；你孤零零地坐在电脑桌前吃饭，饭菜于你而言是身体交付的任务，你真正想吃的是屏幕里的内容；你坐在马桶上，直肠肌在你注意力之外，眼直肌才是你大脑正在控制的肌肉群，你长年处于大小便失禁的状态，但你并不知情。习惯了在类似情境中阅读、浏览，再让你离开饭桌，提上裤子，走到光线明亮的地方，倒一杯水，摊开一本书，调动全部心智去与作者对话，去吸取书中的营养，去感受文学的震撼、知识的启迪，其难度一如让你直视前置摄像头里的自己，十分钟。

一个人，当他用大量时间完成社会和生存交付的任务后，再把他剩下的时间夺走，我不知道他会处于一种怎样的生活状态。我不反对娱乐，但当碎片时间的定义，已经扩充到除工作和学习之外的所有时间时，我们能分给自己和身边人的注意力，必定所剩无几。

小的时候，我不爱午睡，因为我害怕自己一睡着，就会错过好玩的事物。现在很多人不愿关闭自己，屏蔽外界干扰，一方面是习惯了接受高强度高密度的刺激，已然上瘾；另一方面就是总担心自己与社会脱节。但其实，**我不认为一个人抱着一部手机就可以追上这个社会，常年不断网就能把生活上传到一个更光明的**

未来。

当今社会，互联网已经是像水和电一样的民生刚需，无处不在，也应该无处不在。但除空气外，人不应该让任何东西在生活里无处不在——恋爱过的人都知道，一旦有个人在你的生活里无处不在，那就意味着你处在失控边缘，失去了与这段感情进行理智对话的可能。

之前《王者荣耀》大火时，我看到一个讨论。有人说这游戏是电子鸦片。有人反驳说，这款游戏为很多人创造了巨额财富。把这两种说法合并，我们会发现一个事实：有些玩游戏的人，被毁了；但做游戏的人，无一例外成功了。当然，这不是游戏的错。只是，当你深夜躺在床上，感受那些虚幻的精神刺激时，你要明白，能制造出这些精神刺激的人，必然不是通过不断体验精神刺激才获得了能力。而那些用独立自主的故事，来按摩你的自媒体运营者，也必然不是通过看公众号才学会了独立自主。

有句话叫"世上没有免费的午餐"。这句话很多人以为是个比喻句，其实它描述的是客观事实。就算你去吃一顿免费的午餐，你也付出了时间成本，失去了去吃其他东西的机会。

互联网上，一切免费的东西，你都需要拿注意力去换。

一旦你不肯换，烦了，那些争夺你注意力的人立刻就会发现，然后迅速调整手段重新来吸引你的注意力。你不爱喝鸡汤，行，我给你熬毒鸡汤；你不关心作品，行，我给你造人设。

坦白说，在这场注意力争夺的战争中，由于个体面对的是层次更高的个体和资源更足的系统机构，就算你认识到了事情的本质，意识到自己正成为别人打造产品的原材料，你也很难打赢这场战争。但当一个人的注意力被撕碎，注意力集中的阈值被提高，所失去的绝不仅仅是深度阅读的能力。这场战争的败者，尤其是我们这些泛泛之辈，所需付出的代价，很可能是从根上断掉追逐另一种生活的可能。

上过小学的人都知道，第一课就是端正坐姿，集中注意力，不能在老师讲课时抠桌子、看窗外。因为注意力是一个人认知能力的基本，而认知能力又决定一个人是否能完善自己，进而与外界产生你想产生的联系。

我很不想问你，这些年你失去的注意力，让你得到了什么。更不想问你，这些年，如果你把那些被失去的注意力用在更具价值的事情上，此时的你，会对自己多么满意。但我希望你能问问自己。

也许你会希望我能提供一种脱身之道，但这毕竟是场必败的战争，而这种必败的战争，也不仅仅是发生在当下。在历史长河中，泛泛之辈之所以是泛泛之辈，就在于从一出生，就注定了要参与一系列几乎必败的战争。我个人知道互联网的工具属性，用时拿起，不用时放下。而放下工具后，我能构建与互联网世界相媲美的现实生活。那些看起来唯有在互联网上能得到的刺激和愉悦，我下楼走走就能得到。过去我认为这只是一种生活方式，现在来看，这很可能是种极其可贵的能力。我确实不能为任何人提供脱身之道，但我希望每个人都能试着重建注意力，最起码，找回深度阅读的能力。

比如看完这篇文章，如果无事可做，那么你可以：

1.随便挑一本书，在远离电脑的地方坐下。

2.蹲在屋子中央，从兜里拿出手机，调成静音，然后闭上眼睛，开始转圈，转到分不清方向时，松开手掌，让手机贴着地板滑出去。（如果不是土豪，请给手机戴个套。）

3.缓一会儿,坐到书前,瞪大眼睛,坚持一个小时。

一个小时后,如果运气好,你会在墙边找到手机。如果运气不好,你会在柜底或床底找到手机。然后你点亮屏幕,会发现刚过去的那一个小时,这世界什么也没发生,你什么也没错过。紧接着,在一片寂静中,你会听到那本摊在桌上的书发出的嘲笑声。

神的孩子
在跳舞

——

离天堂近当然好,

但还是没有离一二环近好。

前两天看到两张图,一个是物理学公式,另一个是公式的不完整展开。两张图片除了白色背景,全是数学运算符号和拉丁字母。坦白说,我完全不懂那两张图是什么意思。但通过那两张图,我能看见神的孩子在跳舞。

很久以前,刚沦落人间不久,我便开始思考一些事:鱼为什么要在水里?牛为什么要像吃泡泡糖一样成天嚼啊嚼?太阳为什么要轰隆隆从东方开上来,又冒着彩色的烟雾嘟嘟嘟从西方掉下去?

我搞不懂这些事,就去问爸妈。妈妈慈爱地抚摸我的头,不说话。爸爸为了缓解他妻子的尴尬，一脚踹在我屁股上，让我滚去上学。

天可怜见，那一天我刚满四岁不久，体重堪堪接近饭桶，爸爸那一脚让我一飞就是十一年，等停下来，我揉着屁股，发现自己搞懂了鱼为什么要在水里，牛为什么要成天嚼啊嚼，太阳为什么从东边升起，又从西边落下。顺便还认识了李白和杜甫，了解了人体的大致构造和宇宙的起源。

可新的困惑又来了，进入社会，眼见天高地广，风云千樯，我开始思考：这世界就像我本人，生活艰难得像追姑娘，追也难，追到后要逃也难。

在人间如此糟糕的用户体验里，为什么还有人有心思去研究鱼和牛，搞懂太阳和宇宙？为什么李白醉酒后不去找姑娘，而是去写诗？为什么当时杜甫连自家屋顶都保不住，不想着去哪儿搞栋豪宅，还要问：安得广厦千万间，大庇天下寒士俱欢颜？爱因斯坦更不用说，是专利局里一个小小的专利审查员。那时梁静茹还不知在哪里。

我不相信这些人在人生中不曾遭遇过困境和迷茫，不曾被滔滔欲望裹挟，不曾被当时的社会告知，怎样的人生才算是成功的

人生。那为什么人都是一样的人，也是一样的构造，结果有些人成了神的孩子，一生都在起舞，最终千古流芳，永垂不朽？

我觉得这个问题很重要，倒不是搞懂了它，我也能千古流芳，永垂不朽——我完全没有改变世界的雄心壮志，但作为世界的一部分，我想照料好自己——而是我知道，我必定平凡，也无惧平凡，所以我希望有生之年能像李白找到诗和酒，爱因斯坦找到物理学一样，去找一样事物，让自己一叶障目，让自己从平凡的人生和平庸的生活里暂时脱身，获得极致的欢愉和平静。

这样东西，世人都在找。有人寻找一处房子，住进去，就获得了极致的欢愉和平静。有人在寻找一个完美伴侣，肉体契合，灵魂也契合，拥有了，就能获得极致的欢愉和平静。有人没有寻找，什么能带来欢愉和平静，他就沉浸于什么。还有的人，依赖于药物甚至是毒品。

不久前，我听过一个看起来像因果倒置的理论：人们总以为一个人去跳楼才导致了他的死亡，但其实，也可以说是他的死亡导致了他去跳楼。按照这个说法，未知的未来已经神奇地发生了，此刻你做的一切，只是在抵达它。一个跳楼自杀的人，他之前经历的所有一切,包括他昨天吃鱼被卡,他小时候做过的数学题,他谈过的恋爱,都只是为了让他在那一瞬间砸向地面。

换句话说,不是你的现在在影响你的未来,而是你的未来在影响你的现在。此时此刻的你,在某个你没有抵达的时间点里,其实已经死了。听起来很吓人,但你也不要太冲动,因为除了死亡已经发生,死亡之前你一生所有的可能也在发生着。

每个人都曾有那么一个时期认为自己是神的孩子,那个时期我们脑中关于未来的想象,无一不闪烁着漂亮的粼光。人要怎么活怎么死,好的书里都写了。

就像如果李白生在现在,他醉酒后不找姑娘,而是去写诗,有些人肯定觉得这傻子是找不到姑娘,才去写酸不拉叽的诗;杜甫家房顶被掀,他不去修房顶,反而拄着拐杖,站在风里呼喊天下的寒士该怎么办,也一定有人认为这老头病得不轻。

多年前,去西藏洗涤心灵是很多人的梦想。现在,西藏还是那个西藏,人也还是那帮人,可很多人已经觉得,离天堂近当然好,但还是没有离一二环近好。要我说,不管一个人是选择离天堂近还是离一二环近,他都是我的榜样。因为我觉得,纵使决定不同,促使人做下决定的力量,本质上都一样。

在某个鸡汤故事里,小徒弟问和尚:开悟之前你在做什么?和尚说:砍柴、烧水、做饭。小徒弟说:开悟之后呢?和尚说:砍柴、烧水、做饭。小徒弟一脸蒙,说:那这跟开悟之前没有区别啊?和尚说:开悟之前,我砍柴时想着烧水,烧水时想着做饭,做饭时想着砍柴;开悟后,我砍柴时想着砍柴,烧水时想着烧水,做饭时想着做饭。

人们喜欢鸡汤故事的过程和结果,但没有任何人能把自己的人生写成鸡汤。人世间每个人拿到的字典不一样,有的人的字典里,努力后面紧接着就是父亲,父亲后面紧接着就是成功。有的人的字典里,爱情后面紧接着就是金钱,金钱后面紧接着就是幸福。但有的人,翻开字典,横看竖看,全是困难和挫折,翻到底也看不到转机和成功在哪里。

故事里的和尚确实开悟了,但红尘里的人终归不可能时时刻刻活在当下。

可摊开人生的字典,上面越是写满困难和挫折,越要从中找到一个可以沉醉的词。也只有找到那个词,才能在已经发生的无数可能里,始终握住最想要的那种可能。假如说孩子的标志,就是黄昏时给他一个玩具,他便能不担心即将到来的漫漫长夜,那任何一个低下头做某事的人,只要他在低头的瞬间,找到了极致的欢愉和平静,获得了一叶障目式的体验,他就是神的孩子。

这样的孩子,在关于匠人的纪录片里,在名人的传记里,每个人都见过,我们也为他们热泪盈眶过。我能理解很多人睡一觉醒来,由于自身的局限和生活的局限,不会像登山家一样去登山,不会像生物学家为了研究一种虫子而搬进热带雨林。但我不太能理解的是,为什么很多人会很快忘了神的孩子曾带来的震撼。

那些孩子跳过的舞,我们都能看懂,也都深受感动,那到底是为什么,有人会渐渐认为,自己不是神的孩子,进而认为世上不存在神的孩子,从此一生兜兜转转,再未试图从必然的平凡里短暂脱身,再未想过在平庸的生活里去寻找另一种生命的详述?

我看不懂那两张物理学公式的图片,但我见过诗人歌颂天空，农民歌颂土地，所以我能透过那两张图，看出有人在歌颂着什么。同样地，被那两张图迷住的人，也可能看不懂我写下的字，对我写下的字没兴趣。他们和我，一生也不会有任何交流。但我知道一个事实，而根据这个事实，他们跟我可以很默契地达成一个共识：这世上，真的有神的孩子在跳舞。

**迎接未来
就是
迎接失去**

——

毕竟能挽回的，

都不是失去。

最近雨下得很乱，一会儿大一会儿小，乱七八糟，没完没了。早上裹着羽绒服爬到楼顶，想拍一张群山微雨照，不料在角落里看到一盆仙人掌。这盆仙人掌八年前还不是一盆，只有一片。我陪了它三年，第三年冬天它在铺天盖地的大雪里开了一次花。花谢后，我吃掉它的果实，然后就去了南方。

之后五年，它一会儿被移到屋内，一会儿被移到室外，最后实在没地方放，爸妈就把它端到了楼顶。五年来我和家人早已忘记它的存在，没想到它居然还活着。今早看到，虽然活得不太好看，但它终归是靠极强的生命力活了下来，仿佛它特别知道自己是株仙人掌，而不是一棵供人把玩的室内盆栽。

最近两天在改新书的稿。之前定稿时，我鼓起勇气回头看了一遍，才看一篇就觉得惨不忍睹，简直不敢相信那是自己亲手写出来的字，于是满怀羞愧地跟编辑商量，问能不能再给点时间改改。还说要是不能改，我就去死。编辑一同意，我就立刻暗无天日开始改稿。但纵使每天改到凌晨三点，第二天回头一看，还是不满意，于是又改。如此重复几天，最后实在没辙，我甚至想解约，看能不能先不出书。就在我准备跟编辑说解约时，我又突然意识到，也许不是因为我过去写的字太烂，而是我在写完它们后，对很多事情的看法、对文字的追求都发生了改变。那些字也许只是我现在的底线，却可能是过去的我的极限。用我现在的自我要求去要求过去的我，这事既不公平，也不讲道理。想通这点，我长呼一口浊气，顺利交稿。

改稿过程中，听到两个悲惨故事。一个是姑娘被前任骚扰，上班路上堵，下班家门口堵，整天以死相逼，问为什么不能再给一个机会。报警没用，找朋友没用。一个是姑娘控制不住去骚扰前任，每天打上百个电话，发几百条短信，恨不能牺牲一切去挽回。每天睡不着、吃不下，脑袋一运转就是没了他以后怎么办。

两个故事看似相反，实则雷同。这种执念，我很理解，也理解在执念的驱使下很多人会丧失理智，做出一些明知疯狂愚蠢但还是忍不住去做的事。而且这种执念不仅仅发生在爱情故事里，生活中很多求而不得，得而复失的结局，都会让人一瞬间如坠炼狱，脱身不得。我知道，任何珍贵事物的破碎，令人感到疼痛的不是无法复原这个事实本身，而是那个事物的碎片会突然一下铺满你的人生路，让你觉得每往前走一步，都如同踩在玻璃上。就像失去一个人，令人疼痛的不是失去本身，而是这个人曾占据了你的全部生活，他的突然抽身，会让你不知所措，并令你空得疼痛。这种疼痛是真实的，有时甚至是生理性的，所谓的心如刀绞，有时不是一个形容词，而是真的感觉有小刀在心里绞。

每个人在失去后，第一反应是挽回。但毕竟能挽回的，都不是失去。挣扎也好，认错也好，事已发生，那就是事已发生。世人口中的后悔药，其实真的存在。但要明白，后悔药的作用不是时光倒流，重新选择，而是让你忘记后悔。所谓的老司机，并非是经常上车下车，而是总能在每次告别后，微笑着提醒对方别误了下一趟车。

人间有太多事要忙，彼此给彼此的偏爱和谎言，留在那个再也回不去的时空里就好。俗话说，不以分手为目的的恋爱都是耍流氓。既然是耍流氓，那就拿点"流氓"的气质出来，说分手那就分手，说祝对方幸福那就祝对方幸福。绝不回头，反悔的是小狗。

很多执念之所以产生，就是因为——

很多人常会用自己拥有的事物来定义自己，一旦失去，就会觉得自己不完整。

但其实，你是什么人就是什么人，跟你拥有的事物毫无关系。在我眼中，前任有点像债，我从人间有幸借来，到了要还的时候，就把她完完整整地还回去。还回去后，若觉得有所亏欠，我也不会在她身上做出弥补，只会尽量把这个人间变得更好一点。在我眼中，爱情其实跟货币类似。

货币出现前，人们只能以物换物，你需要羊，我需要鸡，那你给我鸡，我给你羊。货币出现后，你需要羊，我需要鸡，可你没有鸡来换，没关系，给我钱就好，我去别的地方买鸡。爱情与货币类似之处就在于，它可以使两个人在它的遮掩下隐秘地交换欲望。你有欲望，我有对温暖的渴望，本来两者不对等，但以爱为名义，我们的交易就能达成。更妙的是，爱最棒的地方和货币最棒的地方也在同一处：只要你手里还有它，就有下一次与人交易的可能。

坦然迎接失去是种能力，或许是人一生中最重要的能力。毕竟人总要失去什么，总要因为种种原因而错过什么。在这个世上，写定了属于你的就只有你自己。除此以外，什么都没有保证。更何况，无论是人还是事，这世上永远都有更好更有趣的，你揪着一个已经注定不属于你的东西不放，说白了就是你觉得自己只能到这里了，只能在此刻停下了，于是一切就会开始变得很难看，而且注定会越来越难看。停下来的生命，除了渐渐腐烂，没有第二种结果。

改新书稿的过程里，我想过把最近写的很多我认为好的文字放进去，让它整体质量更高。但最后我没有。我觉得，过去写下的文字，就属于过去的我，我的过去也就只配得上它们。它们或许不完美，过去的我也不完美，但它们放在一起却是对应的、完整的。现在的我如果进行强力干扰，那之前坐在电脑前抓耳挠腮的我，又算什么？

很多事和人都是如此,当你想回头将其变得更好时,除了需要一个资格,还得明白,如果当初的你确实满怀真诚去爱、去对待了,结果依然不美妙。那此刻除了从不美妙里翻出曾经的自己,努力在今后去完整它,其他的爱和恨、埋怨和报复都没用,甚至有时,连祝福都多余。失去的痛苦会让人生显得漫长,但漫长,也就意味着有足够的时间去寻找希望。

我家楼顶那盆仙人掌,我认为它之所以能在没人照料的环境下活着,不加任何隐喻地说,就是当雨知道自己是雨时,当阳光知道自己是阳光时,它能不能在被抛弃后依然活得无比茁壮,就只取决于:它是否知道自己本来就是一株植物,而不是一只宠物?它是否知道,它生来就不应该躺在温暖的怀抱里,而应直面阳光和雨水?

写在
中元节

——

为什么
自古以来……

今天中午吃粽子，粽子里一粒半个米粒大小的沙把我左边第一双尖牙硌出了个小豁口。牙虽缺，我却感到莫名亲切。这些年在外吃的饭和菜，都极精细。别说沙，就连一片谷皮都没吃出来过。硌这么一下，突然梦回儿时与故乡。

小时候每逢清明节或中元节，大人总警告我，这个节日别乱说话，乱说话，吃饭时会硌到牙。现在我当然知道那是瞎扯，饭里吃出沙，唯一的解释就是大人没把米淘干净。但那时我信得厉害，每次在那些节日里吃到沙，不敢当着大人的面吐出来，生怕被大人知道我又对祖宗不敬。

我老家这边对中元节很重视，节日从七月初十开始，七月十五结束。六天时间里，家家户户会全天准备丰盛祭品以飨先人。我们这边有句话：吃在七月半，玩在旧历年。意思是七月半吃得比过年还丰盛。

据传，每年中元节，阴曹地府会放出全部鬼魂。这些鬼魂会在一天时间内回到故土，然后被各自的后人迎进家中，牲醴以待。至于喝过孟婆汤的鬼魂如何凭借前世的记忆回到故土，那就不得而知了。

我们这边的传说有点不同，鬼门关开启的时间不是七月十五日，而是七月初七。这也就意味着，在我们这边，当天上的牛郎织女在思念的驱使下从银河两岸向彼此狂奔时，地下正有无法计数的灵魂，在向故土狂奔。

小时候每年七月初七，爸妈都会告诉我，今晚鬼门关就开了，之后八天，天黑后不能在外吃饭，以防那些无人接的孤魂野鬼盯上你的饭菜，跟你回家。

这导致每年七月初七夜晚我都会做一个梦，梦到一扇巨大的石质拱门轰然开启，潮水般涌出无数鬼魂。我想在鬼魂的洪水里找到我的十八代祖宗，问问他们是不是真的会庇佑我逢考必过，吃尽天下鸡腿。遗憾的是，每一次，我都会在找到祖宗前被尿生生憋醒。

在那些梦里，我从未看清楚鬼魂们的脸，只看到一团灰色在茫茫涌动。我想知道鬼到底长什么样子，就问大人，大人说鬼的样子就是他死时的样子。

然后我就想，电视里那些看起来很恐怖的鬼死的时候一定很不开心、很难过，否则他们的面容怎么会扭曲成那样。我又想，被大人们称为孤魂野鬼的那些鬼，估计更不开心、更难过，他们好不容易被放出来，却无处可去，连吃的也没有。于是那些年，我总会像喂流浪猫一样，想尽办法在七月初七的晚上，倒点饭菜在外面。我并不害怕有鬼跟我回家，因为我觉得当天晚上我的祖宗十八代都在屋里，真进来个鬼，他们也能把他轰出去。作为一个非常讲道理的孩子，我觉得这事童叟无欺，很公平。

我们这边中元节有很多规矩，比如一旦放了鞭炮，先人们入席后，绝不能碰凳子，说是鬼太轻，一碰凳子他就会掉下来。所以前两天听到有人在放龚琳娜的《法海你不懂爱》，我脑海里总自动回旋一句话：孩子你不懂事，你的祖先会掉下来。

比如在中元节结束后，如果担心过去六天自己有哪里做得不够好，招待祖先不够周到，就要及时找一个号称能连接阴阳两界的神婆行"问神"大法。

一旦错过时间没能及时弥补，祖先一见怪，就会在这一年赐你些小灾小难，毕竟鬼也是有脾气的嘛。

"问神"场面我见过几次。说是大法，其实就是一个枯瘦的老太婆坐在蒲团上，喝下一杯不知名的黑色中药后，开始神神道道道道道道，神道到口吐白沫。

等你正担心她怕是要被阎王接去冥府当新闻发言人时，她就会猛然睁眼，声嘶力竭告诉前来问神的人在过去六天里，究竟何时何地对祖宗不敬。过去我也不懂那老太婆为何能唬到人，后来我发现，在持续六天的节日里，是人就会有失误。你的菜没问题，但你的酒可能有问题；你的酒没问题，但你烧的纸钱、点的香可能有问题。

就算你什么问题都没有，那个老太婆也可以说你的心有问题。而一旦扯到心有问题，那问题就等于必然成立了。

比如在中元节结束当天，送先人们走时，务必要让所有纸钱和祭品焚烧彻底，不可有残缺和遗漏，因为残缺遗漏的，先人们带不走。一旦先人无法带走全部祭品，轻则导致他们接下来一年在地府的生活水准下降，重则将导致他们在黄泉路上拿不出钱财打点那些没放假的地府"衙门"，进不了鬼门关，终年漂泊在外。对这一个规矩，年轻人大多已不再遵守，多半是就地把祭品点了，拿棍子拨两下就走，但那些被伴侣丢在人世的老人却很注重。

昨天黄昏，我看到很多独活于世的老人从山里颤颤巍巍捡来枯枝败草，小心翼翼地垫在祭品下方。他们希望尽可能让所有祭品都焚烧彻底，希望那个先自己一步走的人，可以在另一个世界过得更好。

当祭品点燃，烟花在半空炸开，这些尚留人世的老人，便佝偻着身体，开始念念有词。等他们直起腰，他们凝视远山的眼睛里，没有阴阳两隔的无奈和埋怨，反倒是像在月台送别将要离去但一年后就将再会的爱人。

在我觉得自己成为一个坚定的"无神论"者时，我对所有关于天上地下的事都很反感，只对这个人间有极大兴趣。我不相信因果报应，不相信人有轮回。我不相信有创世神，不相信有灭世者。我反感农村铺张浪费的葬礼，反感人总将自身的一切错误推给迷信，甚至哪怕仅仅是饭里出现了一粒沙，都要推。

但待年岁渐长，见识过真正的拥有和失去后，在对痛苦和幸福有了更切身的体验后，尤其是明白人在生活中有时可以无助脆弱到什么境地后，我突然顿悟般对那些自己曾深恶痛绝的事物有了特别明晰的理解。

我开始觉得：也许，人们把刚从田里收上来的清香稻谷，碾成白米，煮成饭，摆在神堂前，不是真认为祖先们需要食物，而只是想找一个理由，展示一下今年的收成和富饶，顺便向开垦出这些土地的祖先报告一声：你的后人，把土地照料得很好。

也许，人们把孩子带到祖先坟前、灵位前，叫他们跪下、作揖、鞠躬，不是真认为祖先的在天之灵能看到这一切，而只是希望孩子们能记得，整个家族的血脉到底源自哪里，希望孩子们能知道，他们身上流淌的血液，内含多少个名字。

也许，人们用丰盛的祭品供奉祖先，虔诚地去磕每一个头、插每一炷香，不是真想不劳而获，盼谁显灵赐自己今后荣华富贵，而是出于对失去和意外的恐惧，想通过这种微不足道的举动获得长久心安。这种想法，也就是所谓的"宁可信其有，不可信其无"。

这种想法很功利，但究其根本，是源自恐惧。由此我就开始好奇：为什么自古以来，总是勤劳的人在面对失去和意外的恐吓？总是勤劳的人才会在弹指一挥间一无所有？我真心觉得他们已经活得足够带种，丝毫没玷污在岁月长河里蜿蜒流传的血脉，那为什么偏偏是他们总是在承担莫名的恐惧？

此时此刻，在中元节即将结束的这个夜晚，我端坐于饭菜和香火的余味中，无比希望能再次梦到那个石质的拱门，无比希望当那团灰色的潮水再次涌动时，能有一个看起来很快乐的老鬼站到我面前，问我是否需要他庇佑。

假如真有那样的时刻，我想我会希望他庇佑这个烟火人间。如果他说他做不到，怪我太贪婪。那我可能会说，请别庇佑我，去庇佑那些能真正庇佑人的事物吧。庇佑它们总能存在，庇佑所有人总能看到它们的存在。

方言的
生猛

——

在普通话的普及过程中,
我们丢失了什么。

我的普通话不如一只来自北方的鹦鹉。

这些年，因为普通话不标准，我受过很多伤：跑业务时，目标客户明确告诉我，我的普通话有股泥土味，拉低了我公司产品的档次；谈恋爱时，走在橘黄色的路灯下，想跟姑娘来次深情告白，姑娘一看我眼神荡漾，就连忙捂住我的嘴说：你别闹，我会笑；最让我受伤的是几天前，我打10086投诉信号不好，客服光问我的名字和位置就花了十分钟。

客服：哪个吕？

我：双口吕。

客服：什么吕？

我：两个口竖起来那个吕。

客服：哪个不？

我：就是那个不啊。

客服：抱歉……哪个不来着？

我：不行了那个不。

客服：哪个同？

我：赞同的同。

客服（长嘘一口气）：好，吕先生，接下来，麻烦您告诉我您的详细地址，您别急，一个字、一个字地说……

我：我本来没急，你这么一说我就有点急了。

……

由于深信自己以后能上电视跟鲁豫聊背后的故事，所以这些年为了学好普通话，我付出了极大的努力。我谈过几个来自北方的姑娘，无奈姑娘们普通话质量很高，但教学质量不高，这使得普通话已经成为长期困扰我的三大哲学问题之一。其他两个分别是：穿九分裤如何不露出秋裤；如果冬天把脸蒙起来，到了春天，是不是就能收获大腿般的白。

我的普通话烂，归根结底，不怪我。在我可歌可泣的小学时代，我接受的教育比现在的城里孩子还高级，他们一般是双语，顶多三语，我则是多到令人无语。那时我所有科目的老师皆来自田间地头，他们卷起裤腿时拿粪叉和锄头，放下裤腿抠净指甲里的泥土就拿教鞭和粉笔，湖南又是典型的"十里不同音"，于是我敬爱的老师们以为他们说的是普通话，初来乍到这个多灾多难的人间的我，也以为他们说的是普通话，最终学了十多种普通话。

光上厕所，我就听过"上茅房""上茅厕""上粪坑""上茅斯"等多种说法，你可想而知，我生平第一次听见人说"上洗手间"时，内心活动有多么剧烈和澎湃。这种被全世界欺骗了的创伤留下了后遗症，导致我走进社会时，很长一段时间不敢用普通话与人进行太多交流。

我的词汇量不算匮乏，对于脑中词汇的具体含义也很清晰，但我无法把那些词汇与家乡方言一一对应，在唇齿间实现完美转化，有时甚至连书写也很困难。

就像我老家方言里的"晒谷场"，指专门用来晾晒稻谷和其他农作物的一块平整的空地,但不管是书写还是说,为了避免过多解释,我只能将其用"一个坪"或者"一块空地"来替代。

但如此表达,其实已经将我要传递的意思完全损耗。正是在普通话和方言之间转化困难,使我突然在无尽的痛苦中意识到,也许不是我舌头太硬、脑子太直,而是部分方言的生猛和所承载的文化和信息,很难在普通话和官方汉语里找到对应。

任何一种语言都是一个复杂的符号系统,我先接受了地道方言,再来接受普通话,其难度就好比谈了个傻白甜的姑娘再去谈一个狂炫酷霸腹黑拽的姑娘。

方言的消亡不可避免,因为纵使我目前普通话不标准,我也已经很难说出像老家老人们口中那般地道的方言,其他年轻人估计也一样。但其他年轻人跟我不一样的是,他们至少还能说好普通话,我现在的口头表达则处于普通话说不好,方言也不地道的混乱状态。假如语言真能指明一个人的来路,那我目前只能算是个半路杀出来的"浑球"。

作为一个"浑球",我很想把我所感知到的方言的生猛和其背后承载的东西描述出来,一来试图搞清楚自己来自哪里,提高自己对于当下认知之外的文化的感知力和接受度；二来也想让各位意识到，在普通话的普及过程中，我们丢失了什么。

"囫囵吞枣"这个成语是我们的老朋友，但面对这个老朋友，我们只能在它以完整形式出现时才能认识它、讲述它。一旦它有个三长两短，很多人就会觉得陌生。比如去掉"吞枣"，只留"囫囵"。除非你对北方方言有所了解，否则你根本不会用它单独去表达"完整"。

你会说一个人是"健全人"，但不会说一个人是"囫囵个"。你会说一颗"完整的心"，但不会说一颗"囫囵心"。"囫囵"是一个很正规的词，但在普通话的普及过程中，硬生生从很多人的脑中筛了出去。它和"完整"是一个意思，可修饰部分名词，它在感染力和精确度上，可以让"完整"自行"扑街"。其他很多词也一样，我们猛一眼看上去很熟，也认识，一旦它换种形式出现，我们就会觉得陌生。这是因为普通话要实现普及，必然会尽可能追求易接受，一个词原本可能包含两种甚至三种含义，但在日常使用中，它最常见的含义却会迅速占领我们的心智，使我们忽略它的其他含义。

电影《让子弹飞》里，有一幕群众"喜闻乐见"的戏：假麻匪扒掉一个女人的肚兜,把女人摁在桌子上,一边动一边问女人"透不透"。"透"在很多人心里是表达"一个事物能被人一眼看到其内在、背后"的意思,所以冰很透,干净的水很透,玻璃很透,傻子也很透。但在部分西北方言里,"透"还有"爽""达到饱满、充实的程度"的意思。而这些意思,都原本包含在"透"字以内,应该被国人所了解。

试想,如果那一幕戏,麻匪们问的不是"透不透",而是问"爽不爽",那这幕戏传递出来的力度会相差多少?而不懂"透"字其他含义的观众,看到这一幕,只能"囫囵吞枣",见"透"而不能透,失去感知电影台词和人物身份完美结合的机会。

很久前,我写过一篇文章,文章中说我老家的长辈常会在孩子闯祸后怒骂"畚箕提的",意思是你这孩子早晚会被畚箕提出去。这个看似狗屁不通的短句背后,蕴含的其实是一种葬礼文化。在我老家,一个孩子不幸夭折后,不会用棺材收殓,不会火化,而是用两个竹制的畚箕提到山上安葬。所以长辈骂熊孩子"畚箕提的",是在警告熊孩子别太调皮。

显而易见,这个短句在普通话系统里找不到任何词汇与之对应,因为它的根基不是建立在一个具体的事物上,而是建立在一种没有实体的、独特的葬礼文化上。如果这个短句消亡,就意味着一种独特的葬礼文化的消亡。而这种葬礼文化的消亡,也就意味着,我再也无法通过一个"畚箕",向人讲述生我养我的地方的人们,他们对于死亡和灵魂的认知是什么。

在我的桀骜不羁的白衬衫时代,有首歌叫《孤单北半球》,里面第一句歌词是"用我的晚安陪你吃早餐,记得把想念存进扑满"。第一次听这首歌时,我一直以为这句词是"把想念重新补满"。我还纳闷,想念怎么还能补满?如果一种想念需要补满,那干吗还要想念?后来,我才知道那个词是"扑满",而扑满,就是古代的储钱罐。"把想念存进扑满",也就是把想念好好保存。

"扑满"是位老人,含义上,扑满和储钱罐指的是功能相同的物品,但储钱罐这位新人就是拿来存钱的,就算加个小猪在它前面做修饰,也顶多起个卖萌的作用。"扑满"这位老人则不然,它蕴含着丰富的文化和历史:古代存钱罐多用泥土烧制,上方开一道细孔,供"孔方兄"进入;腹部有根绳子,用来与房梁连接,"孔方兄"要进时放下来,进去后吊上去。满则拿下来——扑下来——砸掉,所以叫扑满。

如果说"完整"个别时候需要在"囫囵"面前自行扑街,那"储钱罐"根本就不敢与"扑满"碰面,一碰面就只能自惭形秽。在我一穷二白的文青时代,我一度猛烈抨击网络流行语,视网络流行语为毒瘤,认为其对正统汉语造成了不可挽回的冲击。但现在,除了反感部分网络流行词的滥用造成部分汉语的词义弱化外,我已经把网络流行语当成一种方言——有史以来第一次,由来自不同地区、受不同文化熏陶的人,共同创造出来的一种方言。

把网络流行语当成一种方言,不符合语言的定义,因为它目前虽有词汇,但还没有成系统的语音和语法,顶多算一个脱胎于官方汉语的小小幽灵。但就是这个小小的幽灵,如今已在互联网上广泛存在,离开它,很多人立刻无法与人实现那种同类间具有暗示性质的交流。而且这个小小的幽灵,已在悄然间往线下蔓延。

现在很多孩子表示惊叹,不会说"哇""天哪",而会说"666";我们形容一个人在某一方面特别有经验时,不会叫"师傅""专家",而会称赞他是"老司机",如果想让他慷慨传授经验,就还要加一句"带带我"。

互联网方言的出现,一方面反映了文化在累积,但传统表达方式所能承载的文化和所能传递的情绪,已经无法满足参与创造文化的人想要实现的表达氛围和表达效果。这也是为什么我总觉得一些方言可以消亡,但方言本身永不可消灭。就算教科书统一,人还受不同文化和不同人生境遇的影响,这必然会产生足够的能量,制造出不同的思维方式和不同的表达追求。消除一种方言,人就会制造另一种方言。

毕竟表达自我、寻求交流和合作的欲望,正是语言之所以出现的原因之一。在此之后,才凝聚出文化和文明,形成人和动物的真正区隔。

另一方面,互联网方言证明了每一种方言背后,埋藏着独特的文化和绵长的历史。就像三十年后,如果有人想知道此时此刻的互联网发生了什么,此时此刻的网民在做什么,翻一翻网络流行语的词库,就能找到许多线索。就像他看到一个"撸"字,就能知道有款叫《英雄联盟》的游戏曾流行过。

从这点来看，有些方言就算消亡，就算进了坟墓，后人也有破土掘尸的价值，因为每一具方言的尸体，所包含的除了一个成系统的语言，还包含着无数人的生活和过往，以及这无数的人在漫长时光里，亲手创造出来的不为外人所知的文化。

能用普通话与人进行交流，是当下年轻人应该具备的基本素质。会多国语言，也确实是一种令人艳羡的技能。但当我们通过旅行、阅读来开拓自己的眼界时，也该试着去搞清楚自己的来路，搞清那些出现在我们生活中的语言和人，他们是什么来路。

"地大物博""博大精深"这八个汉字，每个中国人都会念，但其实我们从未想过这八个汉字意味着什么。

普通话蕴含的一切，已经成为国人的共识。但在这个共识之下，如果有另一些东西也曾打造你，那你就应该去搞清楚。更何况，理论上，你若不懂"吃了吗"就永远也说不好"哈啰"；你若不曾见我，就永远也说不好"欧巴"。

母语之所以叫母语，就因为自它以后，你会的其他语言，都不过是它的孩子。

这里的人

—

这里的星星

都是双眼皮。

这里的人为了省话费，打电话会掐时间，一分钟内尽量把话说完，纵使还没说完，也会在 59 秒前及时挂断。如果不慎超过 59 秒，纵使已经没话了，也一定要耗尽下一分钟，因为不能让运营商占便宜。

虽已初秋，但这里的水还是初夏的样子，通透的淡青色晃荡来晃荡去。庄稼已收割完毕，浩荡的空气大潮贴着田野、屋顶来来去去。三个月前，它带着雨水和闷热提醒人们夏天到了。三个月后，它带着凉意和熟的气息，提醒人们，秋日渐深。

这里有鸡在大庭广众之下叠罗汉，贪玩的小孩跑去赶开，一扭头，又看见两条狗在大庭广众之下拥抱。这里的鸭子很多，满地都是黄黄的小毛球滚来滚去，没滚几天就灰了、斑驳了，也不知是因为长大换了毛色，还是因为在地上滚脏了。我问妈妈为什么这个时候都在养鸭。妈妈说因为过年要吃。

这里的人说话简单干脆有逻辑。你问老人身体怎么样，老人会说：中午还吃了一碗饭，晚上不知道会怎么样。你问小孩学习怎么样，小孩会说：成绩是老师定的，我怎么会知道？你问路过门口的人吃了没，那人会站定了反问你：不吃饭我怎么会出门？

这里的人把彩虹叫拱，上次同时出现了两道彩虹，他们就仰头说：双拱。我跟爸爸说彩虹其实是圆形的，坐飞机就能看到。爸爸说：哦。我说眼前这个双拱不是两条彩虹，里面那道很亮的、最外面一圈是赤色的是虹，外面那道暗的、最外面一圈是紫色的叫霓。爸爸说：你懂这么多，当初怎么就没进北大清华呢？

这里的星星都是双眼皮，又大又亮。月亮无论胖瘦都有很丰盈的光。流星大多出现在西方，每晚都能看到急速掠过的几颗。

尽管早过了对着流星许愿的年纪，但每次看到还是会对其行注目礼，仿佛害怕它匆匆划过，会因没人看到而失落。

这里的人喜欢对天说话。愤怒的老人会对天讲谁家的猫又偷走了他家的一条鱼，他留了快一个礼拜，就等孙子放假回来吃。委屈的小孩被揍了，会朝天痛哭，说既然不能下塘游泳，那你搞出个夏天干吗。

这里又小又封闭，谁家昨晚有老鼠啃柜子，第二天能让全村人都知道。在缺少娱乐的村里，一条外来的狗都能引起围观。但这里的生活并不无趣，因为除了吃、睡、种田，再没有其他必做之事，所以一切事都可以做。每次我看到村里那个老头一会儿出现在山里，一会儿出现在他家楼顶，一会儿出现在树荫下，一会儿在他老伴坟边，一边抽烟一边种冬天要吃的白菜，总会感到真切的自由。

这里的人越来越少，人的生命力已经敌不过环伺四周的自然，草开始啃噬少有人去往的路，藤蔓开始拥抱少有人居住的房子，几天前透过窗子往外公住过的老房子里看，我曾拿来吃饭的小桌子旁边已经长出一棵笔直的竹子。听过一个理论，说人从来征服不了自然，人能做的、一直在做的就是用工具将自然和自己隔开，使自己免于风吹日晒、霜冻雨淋，不必再承受残酷的天灾，遭遇危险的野生动物，更不必种什么收什么，全由天气和土壤决定，末了再挑战空间和时间的限制。但又有句话怎么说来着？出来混，迟早要还。

昨天到家，村里人像围观外来的狗一样，问我怎么又回来了，这次又要待多久。我微笑着看着他们，没有说话。心里想的是，也许，我会买口塘，用来钓鱼；还要买条狗，用来打猎。也许，我明天就走。

为什么
我说活着
是本励志书

——

他们下坠了一生,

已经不会想再到开阔处看这个世界最后一眼。

昨天妈妈跟我聊天，说村里有个老人在太阳下收一床很重的被子，搬不动，人只能趴下去，将被子铺在地上，一点点卷好，再慢慢地往屋里推。妈妈说她觉得老人很可怜。

这个老人我知道，女性，八十多岁，右腿断了，挂着一根拐杖。拐杖是她丈夫用山里的杉木做的。她丈夫不善与人交谈，见谁都嘿嘿直笑，一辈子只跟牛打交道，身体始终硬朗，只是后来患了白内障，双目失明。失明不久，几年前突然把自己吊死在大床的横梁上。

据村里人描述，那天老人挂在半空，无风自晃。当时我在遥远的南方，得知老人用牵牛进山的绳子把自己牵进山里，总觉得大字不识的他在向这个人世传递着某种隐喻，于是连夜写了首长诗。

诗人张枣说：写，为了缭绕于人的种种告别。那天晚上写诗时，我总觉得这个与我仅有几次交谈的老人，在与我进行着某种告别。而我应该把这种告别尽可能告诉更多的人。

最近世界杯，真赌假赌的人都嚷嚷着要上天台。其实只有部分年轻人才会在想不开时上天台。老人通常不会，老人是安静的，就算想死，也不会站到高处再纵身跃下。

他们下坠了一生，已经不会想再到开阔处看这个世界最后一眼，他们会选择在寂静的深夜或者空无一人的凌晨，用一瓶农药或一根绳子了结自己。

农村很多这样的事：一个老人走了，留下另一个老人。儿女孝顺，被留下的老人还能以人的模样走完余生；儿女不孝，被留下的老人,就只能孤独地活着。妈妈口中的老人,就是被留下的那一个。我能想象她匍匐于地收被子时的样子。我也能理解妈妈所说的可怜。一个人看到另一个人像动物一样活着时,总难免心生恻隐。

我半开玩笑半认真地说:妈,你别担心,等你老了,我一定会给你收被子的。妈妈笑起来,说她不是担心这个,而是在想,如果人老了,要这样活着,那到底有什么意思。

我想起了余华的《活着》。

在过去,我在很多地方提过这本书对我的影响。在我眼中,《活着》是一本励志到不能再励志的书,但每当我跟人讨论,对方总会告诉我,《活着》描述的是一个悲剧,看完这个悲剧,内心只有惆怅和绝望,没有力量。这总会让我感到遗憾,觉得世上又有一块金子被误认为是巧克力。

《活着》的故事很简单:倒霉蛋福贵在自身性格和时代的双重作用下,死了爹、死了妈、死了儿子、死了妻子、死了女儿、死了女婿、死了外孙,最后和一头老牛在夕阳下犁田。

这种双重作用，就是世人口中的命运。

余华说，《活着》讲述人如何去承受巨大的苦难，就像千钧一发，让一根头发去承受三万斤的重量，它没有断。《活着》讲述了眼泪的丰富和宽广，讲述了绝望的不存在，讲述了人是为了活着本身而活着，而不是为了活着之外的任何事物而活着。

说人是为了活着而活着，听起来总有点像骂人，仿佛人跟动物没有区别。这是对活着的误解。在我看来，鲁迅以笔为矛，刺向一个民族的性格，最后在余华这里得到了回答。"吃人血馒头""窃书不算窃""横看竖看，都是吃人""过去戴银项圈，手持钢叉的少年，最后恭敬站好，叫一声老爷"……

这些为了什么？为了活着。

翻开历史书，古往今来，表面看，我们从来没有一个统一的宗教或信仰。但也正因为没有一种凌驾于生存之上的信仰，使得活着成为我们唯一的信仰。我们的坚韧，来自于此。

之前在一个讨论农民的问题中，我说，各位精英别自恋了，农民不需要拯救,这帮能用一把锄头开垦出一个民族的人,不需要拯救,他们的忍耐、他们的坚韧、他们对于苦难的承受力,历史书上没写,但他们黝黑的面庞和粗糙的手掌所讲述的,就是历史本身。

我们希望看到一个老人,安详地坐在树荫下,闭目养神,偶尔抬手挥一下苍蝇。不希望看到一个老人,孤单弱小地收着被子。这是作为同类的不忍。但这种不忍是多余的。你不能要求一个那样活着的人,去思考这样活着有什么意义。

在那样一个时刻,如果有人来问你:苦吗?难吗?你能答的不过是一句:没办法。这三个字我听过很多次,小时候,跟爸妈去田里学插秧。每五分钟,我就要直起身,叉腰看前方,既疑惑又不满地说:这么宽,什么时候是个头。爸妈每次都会耐心地说:慢慢来,没办法,不做就不会完。从来不是慈悲为怀的春天让广袤的土地在冬季过后,变得苍翠欲滴,而是没办法。

人活在世上,有些悲剧是可以预见的。站在此刻,展望未来,人总会误以为悲剧到来时,会惊天动地、轰轰烈烈,你以为你会声嘶力竭、撕心裂肺，但当悲剧降临，往往就像冬季深夜的一场大雪一样细密而宁静。你会被绝望笼罩，被寒冷覆盖，然后，你会发现，你发不出声音，本能促使你变成一只松鼠，一心想尽快找个温暖的洞穴躲起来。你不会呐喊，不会哭泣，只想熬过那一夜，想看到明天的太阳，吃到明天的晚饭。而那些不可预见的悲剧，人往往来不及反应，就已被席卷。

余华说绝望不存在，就是在说与命运和解，而与命运和解，说的就是你终于意识到，能降临到你头顶的苦难，怎样都不会超过你所能承受的极限。

你若还能感受绝望，绝望就等于不存在。很多人会劝绝望无助的人去墓地和重症监护室，看看已经死去的人和还在为了生咬牙斗争的生命。这种冲击疗法，通常没太大作用。

一个人若意识不到人只是为活着而活着，总会没法摆脱内心的恐惧，总会在做任何事时瞻前顾后，谨小慎微。为活着而活着，不是一种无差别放弃，而是一种无差别珍惜。它指向的不是虚无，而是一种真正的充实。

坦白说,我已经很久没有去怜悯一个具体的人了。

不是我不明白,所有人都应该有美好的生活;不是我不明白,每个人都不应该只接受一种命运。但人世间,谁又能始终站在春光里。

那些正孤独过冬的人,从来不应该只以一种悲剧的面貌来被人怜悯。

他们应该获得同类的尊重,是他们把不公道的命运承受了下来,让其他人能为活着之外的事物而活着。当然,这不是他们的选择。但人生中,谁又曾有机会真的做出自己的选择。

在任何一个人生时刻,我不会希望自己像只动物一样活着,但我自觉做好了像动物一样活着的准备。当我做好了这样的准备,我就不会因为自己一无所有而感到无地自容,也不会因自己拥有太多而惶恐。

给我一头牛和一片夕阳,我能平静度过一个下午,那我也就能度过人生中所有或明或暗的时刻,并敢于向自身遭遇的一切表示我的感激。

谢谢活着,也谢谢《活着》。

风暴
与
蝴蝶

——

蝴蝶应该生活在森林,
不应该妄想去看望海洋,
可每一只蝴蝶身上的水粒,又确实来自海洋。

下午坐在门口一棵桂花树下抽烟,当时太阳正歪着头打量世界,村庄和田野平躺在橙色夕照里,触目四周,一片沉静。我抽着烟,打算坐在树下等夜幕降临。说等夜幕降临其实不对,夜晚并非总是缓慢而沉重地一点点光临大地,有时也会一下子覆上鼻尖,急迫到不容人等夕阳再一次变换颜色。

手机通知提醒:暴雨将至。看手机时,红透了的太阳还在。看完手机抬头,一大团乌云从南边蠕动过来。凉风自脚边乍起,越吹越烈,最后浩荡如万马齐奔,一地的碎屑与落叶,转眼被带上长天。洗净的空气里,一只蓝色蝴蝶凭空浮现,竭力扇动翅膀,朝风的边缘飞,仿佛风真有所谓的边缘。最后似乎是力竭,坠落在池塘正中央,猛贴上水面时,扑腾了两下翅膀,旋即静默于微澜的碧水,变成一小块化不开的蓝。

一个小时后,屋外大雨倾盆。我想,那只蝴蝶可能至死也不明白,一个小时前吹落它的风,起源于几千公里外的大洋上空。混沌学说,一个复杂的动力系统,输入端一个看似微小的变动,经过一系列复杂的反应和难以预测的演变,到了输出端,也许就能释放出改天换地的力量。气象学里说,一只南美洲热带雨林里的蝴蝶扇动翅膀,两个礼拜后,会在美国的得克萨斯州生成一股龙卷风。

如果把蝴蝶效应翻转过来:遥远的海岸,台风声势浩大隆重登陆,那么在内陆的一处草丛,必有一只蝴蝶趴在一株植物上,微微颤动它的翅膀。假如这种翻转能成立,那也就意味着,那些关于人生,关于性,关于世界,关于村庄,关于人,关于我自己的问题,有了一个最终解。

在这个遇见蓝色蝴蝶和大雨的下午,我坐在树下,坐在我的故乡。这是一个很小的村庄,是这片国土上成千上万个村庄中的一个,假如祖国真能拟人成母亲,那这个村庄,就是母亲身上神经末梢的神经末梢,属于细枝末节的细枝末节。当下,北上广深是风暴中心,我的村庄就是草丛中的一只蝴蝶。从我出生日算起,到此刻,二十六年,伴随无法预测的各种风暴,这只蝴蝶颤动过很多次翅膀。

无数个风暴在遥远的地方生成,经过一次次传递,终于光临村庄。风暴降临村庄时,已经成了一股不知来路和去向的风。浩浩荡荡的工业发展,落在村庄,就是炸药开山时的一声闷响;覆盖全国的扶贫政策,落到村庄,就是把一头活蹦乱跳的小猪递到贫困户手中。村庄不知道自己为何突然要把山炸开挖煤,也不知道为何突然又不让炸山,不让挖煤;村庄不知道为何所有人突然都蜂拥南下,也不知道为何所有人又突然疯一样进城买房。

我的村庄,这只蝴蝶,二十六年,始终安静趴在草叶上,待风暴搅动大气,掀起的水粒附上身体,它就微微颤动翅膀,顺着风飘向的地方挪动单薄的身体。有时颤动猛烈,挪动迅速,村庄也误以为自己正在飞翔。从古至今,遥远处每一场风暴生成,村庄都后知后觉。每一次颤动翅膀,村庄都以为那是自己作为一只蝴蝶的本能。它离风暴很远,离大风很近。它并不知道,世间所有的风都是风暴的一部分。它更不知道,当它正感受眼前这场风的去向时,另一个风暴正在生成,即将马不停蹄朝它的后背扑来。

世间村庄的宿命,也是人的宿命。村庄是蝴蝶,人也是。这些年,我像那些惹人烦的人一样,不厌其烦讨论性,讨论人,讨论生活,讨论人应该怎样度过一生。按理说,一只趴在草叶上的蝴蝶,不应该讨论这些。风暴过于威猛,脆弱的蝴蝶不该妄图去思考了解,只需风起时颤动翅膀。可是,并非每一只蝴蝶生来就只能随风颤动翅膀,也并不是每一只蝴蝶,都不对自身的每一次颤动感到好奇。

蝴蝶应该生活在森林,不应该妄想去看望海洋,可每一只蝴蝶身上的水粒,又确实来自海洋。而海洋,说白了,也不过是从森林蜿蜒而过的溪流们在一处谷地彼此拥抱。

兴致勃勃讨论性，讨论的是性，也是一个正在发育的姑娘其内心本不应有的耻感，还是一个被性侵者自觉肮脏的偏差心态。多年前，我初中的女同桌，上课拿书，带出一包卫生巾。她脸红慌张，三秒后紧张到崩溃大哭。那时我不懂她为何要哭，但我知道她其实可以不用哭。性很远，如风暴；但它又很近，不过是一个少女走下楼，一脸平静去便利店买卫生巾。

不厌其烦反思生活，也并非怨恨世人皆醉，唯我独醒。而是经历过睡不着和醒不来的人，只能咬牙低头找寻自身出路。谈论文学，歌颂艺术，思考人生，想象死亡和命运的尽头，诸如此类，看似故作高深，缥缈虚幻，但说到根上，那不过是在说，一个人穷其一生，到底怎样才能安安心心问心无愧咽下剩下的每一顿饭。

与尘世间所有蝴蝶一样，我曾颤动翅膀，也正在颤动翅膀。这些颤动很具体，具体到每一次颤动，四肢百骸都会随之酥麻。这种酥麻介于痛苦和愉悦之间，往往会使人忘记去追问颤动的来源，日渐麻木。我喜欢酥麻，但我不喜欢来源不明、代价不清的酥麻。"非典"风暴，可以使一声普通咳嗽惊动全镇；爱情风暴，可以使少女颔首脸红，使少年的目光畏缩又湛蓝。咳嗽可以治，但咳嗽导致的惊恐，非要解决风暴才能不药而愈。同样，少女的脸红和少年的湛蓝，在裙摆和白衬衫上找不到答案，非要钻进爱情的风暴中心，才能看见那两种颜色的本色。

透过一个村庄的历史，足以看见一个时代的变迁。透过尘世间的每个人，也能看见于人而言，何为自由，何为枷锁，看见在自由和枷锁之间，命运的齿轮如何与每一个生命最终咬合。我们并非生来就要用筷子，生来看到生殖器官就觉得羞耻。我们本可以哭得惨烈、笑得大声，本可以像诗里写的那样，看看太阳，和心上人走在大街上。我们成为现在的我们，我们的母亲总在厨房，我们的父亲总在外面。尘世间那么多人，将相同的命运无数次重复上演。我们的故乡在逐渐改变，我们生活的城镇在逐渐壮大。当机器人都能识别我们的需求后，我们似乎还沉迷于如何判断风向。

每一次颤动的背后，都隐藏着巨大的风暴。风没有边缘，风暴也没有，在人间所有命运中，每一只蝴蝶都只能顺一种而从之，村庄如此，人亦如此。而文学艺术、社会人文、历史哲学，之所以总能震撼人心，是因为它们总能以极其简练清晰的字句，彻底讲透一只蝴蝶为何颤动它的翅膀，揭开人间的种种荒谬。女权男权，跟你的晚饭无关，但你去吃晚饭的路上，思考衣领到底多高才合适，那个瞬间，就是你在风暴的影响下颤动了翅膀。可遗憾的是，你觉得这样的颤动本该承受，风暴离你很远，无须在意。

有些蝴蝶，一次又一次，翻来覆去，喋喋不休讨论风暴，不是因为它们对风暴感兴趣，自以为站得比其他蝴蝶高，看得比其他蝴蝶远。它们就只是在意一只蝴蝶为何突然颤动翅膀，只是在意一只蝴蝶其短暂一生，到底是否真正属于蝴蝶它自己。它们对海洋没兴趣，只是想搞清楚身上水汽的来源。我写字的这个夜晚，与其他夜晚一样，如约而至，覆盖鼻尖。当屋里挤满雨后的风时，在一片风声里，我总能听见无数翅膀颤动的声音，也能听见远处新的风暴正在生成。

在那新风暴的一次又一次传递中，会有蝴蝶落水，也会有蝴蝶扶摇直上，脱离草叶，成为风暴的一部分。而更多的蝴蝶，依然会像过去一样，静静地趴在草叶上，轻轻颤动翅膀，等待与命运的咬合。

再没有孩子
会在夏天
爬上枣树

——

没谁抬头看枣一眼,

也没谁看他一眼。

家门口有块晒谷场，水泥覆面，碎麻石为基，厚十五厘米。面积大小，用我爸的话说，可以停十辆"别摸我"或十辆"马傻拉地"。晒谷场边缘有三个间隔均匀的圆形小花池，里面种了三棵桂花树。每个晴朗凉爽的午后，三棵桂花树下总会坐三群人。一群是老人，坐在那里喝茶、聊天、拍苍蝇。一群是男性青壮年，坐在那里讨论各种人事变动，有时动了感情，其中某位会猛跳起来一拍大腿，说家里有个远房亲戚在北京，专门负责打扫长安街上的落叶——用他的话说，长安街上没有烟头与灰尘，只有落叶——他每天都能收到新的消息。

还有一群是孩子，虎头虎脑在桂花树下围成一圈，吵架、打架、玩玩具。有时得空，也会有熊孩子突然对准桂花树撒尿。你做个磨刀的手势，说：要割。熊孩子就会连忙抖两下，收起家伙，又天真又认真地说：这个可不能割，这个可不能割，这个将来要娶老婆。

除我家外，村里其他人家也在门口种上了桂花树或柏树。与人相关的一切，都与生活有关。在过去，村里每户人家房子前后，最常见的是枣树和橘子树。这些树的果实熟了能吃，有用。铲掉有用的枣树种上无用的桂花树，象征的是生活品质的提升，象征部分农村，在解决肉体温饱的问题后，开始像城里人一样，追求精神上的享受。晒谷场早已不晒谷，但通过晒谷场上的植物和人，依然能一眼看出每家每户的收成。

在那个遍地枣树的年代，一到盛夏，孩子们总会和果实一样准时挂在树上，非要用棍子打才会下来。其中数我挂得最结实，打都打不下来。我从小不被准许爬树游泳。刚脱掉开裆裤那年，有位算命先生满脸忧愁对我妈说：你这娃生肖属猴，生辰八字也属猴,若不严加管教,一生坎坷是小,怕就怕半路夭折。我妈吓得连忙给钱,问先生要怎样才能把我养大。先生说:不要让他碰火、玩水、爬树、耍电线。

回头想,那先生也真是个神经病。一个孩子,别说属猴,就是属神仙的,那也不能耍电线啊。幸好,生活没有给我妈二十四小时盯梢的机会。每次她屁股刚摇出门,我的脑袋必定紧随其后探出门,然后纠集一群小伙伴,上山烧火,下塘游泳,爬树掏鸟窝,没有零花钱,也会去煤矿上四处搜罗废旧铜线去卖。由于机会难得,每次我要么不出门,一出门就不愿回,非要天黑时我爸拿根棍子把我像轰猪一样往回轰。

那时我爸常说我是头小禽兽。此定论对他自己不客观,但对我非常客观。年幼时,我确实是头小禽兽。村里有狗转着圈咬尾巴,我怕它累,总会一把拽住狗尾往狗嘴里塞。狗生气,追着我咬,我就会像头发怒的幼兽一样满村乱窜。狗急未必跳墙,我急了连悬崖都敢跳。夏天厕所蚊子大有铺天盖地之势,为躲蚊子,我常会跑几百米去往山里,找一棵大树爬上去,脱下裤子,在绿荫的笼罩下,像鸟一般用脚抠紧树枝,满脸愉悦地屙屎屎。倘若碰巧有小伙伴路过,仰头问我在干什么。我必定会得意地说:哈,你走远点,我在开轰炸机。年少时的美好幻觉,大抵如此,明明静止,偏自以为正在高空飞驰。

那时门口池塘不是如今这般规整模样。一入盛夏,岸边的野花野草急着朝天生长,水里漂满巴掌大小的荷叶,巴掌大小的荷叶上蹲着拳头一样大的青蛙,在青蛙心脏般鼓动的肚皮下,有鱼闪着白光悠然游动。土厚之处,种满各色瓜果。这些瓜果的藤蔓见风便长,一到七月,总会压塌瓜棚,在水面投下大片阴凉。

阴凉中,有红色的蜻蜓颤动尾部,对着水面上的一小根浮木指指点点。等蜻蜓离开,水中会突然蹿出一个孩子,伸手够下一串葡萄。岸边枣树下昏昏欲睡的大人还没来得及出声呵斥,孩子早已潜泳,水中箭一样,射往遥远的对岸。那个孩子就是我。偶尔,我会对蜻蜓指点过的浮木好奇,偷偷拿到手里观察。浮木很滑腻,那时我不懂这滑腻不久后将化为成群水蚤,只天真地以为那是蜻蜓腹泻的产物。

池塘边上的那棵枣树,我爬过最多次。那棵枣树的根夺了一池塘的夏,结出的枣又大又甜。每年枣树花败挂果,我都会抱着饭碗在树下晃来晃去。看枣的老头一看到我就怕,捏住下巴上的胡子眯着眼瞧我。有时我晃得太勤,他就会特别紧张,说:吕家崽,你今年不要再偷枣了。我说:我从来没偷过,都是别的孩子在打,我偶尔捡两个吃。老头闻言,便会如同得了莫大的安慰,起身从树上打几个枣递给我。那不是奖励,而是在告诉我,枣还没熟,你别急。

用我妈的话说,那老头每年夏天老得快,枣一熟,他准会茶饭不思,彻夜难眠,做梦都是枣树上挂满了孩子。其实那些年我真没偷过几次枣,爱爬枣树,单纯是想到池塘里洗澡——每次老头从屋里冲出来,我跟一群小伙伴便会像一串受惊的猴子一样,从树上一个个纵身弹进池塘。等各自的大人拎棍赶来,我们便会光着屁股排队站好,一脸无辜地说:不是我们要玩水,是那老头把我们赶下来的。

通常,大人是否揍孩子屁股,主要看大人心情。但孩子若能提前找个借口，大人揍完后的态度往往不太一样。没有借口，大人揍你，乃是理所应当，天赋爸权；有借口，大人揍你时内心便会隐疚，揍完总会连忙把你抱到腿上，给你迟来的温柔。

用现在的标准来看，看枣的老头其实不算老头。那棵枣树还在时，老头刚满六十岁不久。

可对于一个乡村而言，一个人是否老，关键不在年龄，而在村里是否还有比他年龄更大的人。

盛夏时节，一个六十几岁的老人坐在一棵树下，拍着苍蝇看向远山若隐若现的坟墓，想到村里还有几个九十岁的老人，他便如同凭空加了三十年阳寿，浑浊的眼睛里陡现精光，恨不能立刻扛把锄头去复活一片荒地。假如想到村里现存年龄最大的就是自己，他难免会认为时日无多，在夕阳的温暖华丽的光线中，误以为生命中那个最凉爽的夜晚，已单单在自己头顶降临。

我爬枣树时，老头天天念叨自己即将要死，没有多久的饭可以吃。多年后，枣树不在了，他还在。几年前，他新种了棵枣树，每年夏天，枣树花败挂果，他依然会像过去一样，摇着一把旧蒲扇,坐在枣树下。孩子们在树下来来往往,起初他会紧张,提前招呼:不要爬树偷枣。后来,他总是一个人坐在树下,看着池塘里的粼粼波光。孩子们在树下来来往往,吃着冰激凌,玩着手机,没谁抬头看枣一眼,也没谁看他一眼。

老头似乎是孤单了,有一次,他呵呵笑着,叫住从枣树下路过的一个孩子。孩子歪头看他。他一脸期待,指着枣树说:枣熟了,上树摘几个吃吧。孩子抬头看枣树一眼,面朝他站定,大声说:爷爷,现在已经没有人要吃枣啦。

生日快乐，
吕不同

——

与其说是世界在给我添堵，
不如说是我无法与自己和解。

1992年2月10日这一天，热闹的人间发生了很多事。那一天里发生的大多数事，要么是往日重现，要么会在未来再次上演。过去从未有过，今后也不会再发生的事只有一件，就是我的降生。

　　关于我的降生，我写过很多次：我出生时面色青紫不会哭，接生婆抓住我的脚将我倒提着，在我屁股上"啪啪啪"拍了三掌，我才哭得响亮。多年后，想起自己的降生，我总觉得那隐喻着我生来沉默。但我爸妈不这样看，他们每每提起那一刻，总会盯着我说：你这孩子，生来欠揍。

　　之所以反复写，是我后来突然发现，人生很多问题的答案，其实在那个开启一切的日子就已写好。

比如关于人到底有没有自由，我追问了二十六年不得其解，但早在二十六年前，接生婆就用她砖头一样粗糙的手掌告诉我：孩子，愿不愿意来这人间玩一趟，你说了不算，老娘说了才算。比如人来这个人间到底是为了什么，零岁的我都知道，这一趟，为的不过是能躺在一个温暖而安全的怀抱里，在吃喝拉撒睡的间隙，大声哭大声笑。如果笑比哭多，这一趟，就算没白挨那些巴掌。

从 1992 年 2 月 10 日到 2018 年 2 月 10 日，是二十六年。辩证地看，二十六年可长可短，可以是弹指一挥，也可以是沧海桑田。可不管怎样辩证，时间终归是宇宙里真正永不可再生的稀缺资源。

在文学作品里，我们常能看到作家们把时间比喻成河流，以形容时间的浩荡和从不停歇。在我看来，这个比喻又正确又不正确。正确的是，**时间确实如河流般流动，水把水推走，时间也会把时间推走。**

不正确的是，河流有凝结成冰停止流动的时候，可时间没有。从我对人间发出第一声啼哭,到此刻我面无表情坐在电脑前写下这篇文章,关于时间,我唯一的感慨就是它的浩荡,没有声响。

在我们这边,每逢孩子生日,父母都会煮一个鸡蛋,让孩子吃了好"长尾巴"。时至今日,我已经吃了二十六个鸡蛋,后面的尾巴没长,前面的"尾巴"倒是疯长。以每年一个的频率,用二十六年吃二十六个鸡蛋,很简单。难的是搞清楚从第一个鸡蛋到第二十六个鸡蛋之间,到底发生了些什么。这事很难,而且容易令人不安,但它值得一做,因为只有搞清楚往日,你才能搞清楚,从跃进时间长河的瞬间到此时此刻,你到底捞取了些什么,又被带走了些什么。

今年是我写字的第十个年头,终于有幸把自己的名字印在一本书的封面上。

两年前,我在给人刷墙,刷完墙我在一个接近屋顶的角落,写下自己的名字,小小的。五年前,我在工厂里做皮鞋和皮包,在很多鞋和包的内衬上,我也写下自己的名字,也是小小的。

十一年前，我退学，在教导主任办公室，我在退学申请书上写下自己的名字。再往前，退到如梦境一般黑白的记忆里，在寄给姑娘的情书上、在放飞的一只鸟的腿上、在用过的宝剑上，我都曾写下自己的名字。

把所有大大小小、歪歪扭扭的名字连起来，透过一条又一条或长或短的线段，我总能看到过往的岁月被切割成不同颜色的片段。毫无疑问，这些片段构成了我。如果此刻的我有颜色，那一定是五彩斑斓的。

说自己的人生五彩斑斓，难免会被人误解为自恋，但就像我总说，渣男的同义词是惨，因为一个人若从来没真爱过谁，也就从来不曾找到自我；找不到自我，也就意味着真实的他从来没被人爱过。同样，我说自己的人生五彩斑斓，其本质是我实在不知道自己过往的人生，到底是个什么颜色。

不久前，有人问我，退学后该如何保持高效学习。我说，退学后无法高效学习，只能更高效地生活。退学的本质是提前从一圈围墙走进另一圈围墙，你能感受到的自由和解放，只是稍纵即逝的瞬间，而为了这个瞬间，你所需要付出的代价，可能要用一生偿还。还有人问我：如何才能做到像你一样自信？我说：你可能对我有点误解，我不是自信，我是自恋，而我的自恋源自我的自卑，我的自卑是，我很早就知道，在这个世上，我能抓住的只有自己，而要抓住自己就跟抓住别人一样，只能去彻底信任、狂热喜爱、真诚赞扬。区别不过是，别人会辜负你，而你不会辜负自己。

从这两个回答可以看出，我确实二十六岁了。用大人的话说，我现在很成熟；用年轻人的话说，我现在活得很通透。可我觉得，我现在既不是成熟也不是通透，自我第一次想把自己的名字留在一件事物上开始，我所做的一切，不过是想在时间的冲刷下，护好自己的本质。而我的本质，也就是人的本质，人的本质就是矛盾，就是敏感又木讷，渺小又伟大，浪漫又庸俗，脆弱又坚韧，既想把人生弄成定局又向往自由。回首过往，我所做的每一个选择，都出于我的本质，事后发生的一切冲突，与其说是世界在给我添堵，不如说是我无法与自己和解。

我习惯了在矛盾中看见自己，所以我总会或主动或被动避开给人生确定颜色的机会。我二十六岁，在书的封面上写下自己的名字,但我从来没觉得自己的使命就是不断地写。事实上,时至今日,我仍没能明白,我写,到底是为了经历的一切,还是为了能拥有更多经历。我写,就跟我身上所有在他人眼中不同寻常的小怪癖一样,它们本不应该存在,但它们却存在得如此自然。很久以前,世界准备好,接受我成为一名大学生。后来,世界准备好,接受我成为一名农民工。现在,世界看起来已经准备好接受我成为一个写作者。可人要与世界交手,必须熟练掌握几个逼真的假动作。过去,我从来没如谁所料。此刻,我也不想自己的未来能如谁所料。

原因跟过去一样,我不想为自己的人生确定一种颜色。如果你问我对于未来的设想,我一定不会说要成为一个大牛作家,只会说,我希望今后不管遭遇什么,都不丢失自己的矛盾本质。我要一直爱睡觉,爱清醒;爱勤奋,爱懒惰;爱自己,爱姑娘;爱崇高,也爱崇高之下的阴影。我压根就不信人应该活成什么样,只相信人本来就是什么样子。我也是在不久前才明白,在时间的长河里,一个人能不丢失本质,已是最大的捞取。假如说命运馈赠的礼物,真的都在暗中标好了价格。那无价之人,应该就是把命运本身当成礼物的人。这样的人,从来只会说:你尽管来。而不会说：等一下，我想想再选。

其实，人在命运面前本来就没什么可选。很多人觉得命运玄之又玄，但在我看来，命运就是欲望和代价的不断轮回。假如世间真存在所谓的成熟和通透，那应该就是他已经看到了这种轮回的显现。他不会在想吃糖时不考虑蛀牙，不会在想得到一个人时不愿牺牲一部分自我，不会在想得到一份爱时不愿承受同等的寂寞。只是遗憾，不管岁数如何增长，人在欲望面前，总不会意识到命运的威力，只有在为欲望付出代价时，才会手忙脚乱想要扼住命运的咽喉。但试问：一个人得愤怒、绝望成什么样，才会想要扼住一样东西的咽喉，咬牙置其于死地？再问：真到了那种境地，一切又是否还来得及？

时间的浩荡没有声响，我折腾了这么多年，做出了很多自以为是跃迁的选择，不知不觉就到了祝我二十六岁生日快乐的此刻。如果过往的岁月是一张试卷，每吃下一个鸡蛋就要拿起笔，给已经过去并且再也不会回来的一年打分。我想我会选择再吃一个鸡蛋。人生没有参照物，也没有标准答案。那些你曾以为是终生遗憾的事,也许兜兜转转,最后会成为你此生至幸。而彼时你以为是神之闪念的抉择,辗转多年,也许会成为你深夜痛哭感慨人生海海的终极原因。时间的珍贵和残忍就在这里,有它,就有一切可能。而一切,就包含了极好和极坏以及不好不坏。

自我诞生之日起,我家门口就有两座山。走向它们需要越过一口池塘、一条马路和几块田野。我不了解它们的过去,只知道自我诞生之日起它们就在那里,一直到今天。很小的时候,我觉得圆圆的它们像两个紧挨着的馒头,四季流转把它们蒸成不同的颜色。再大点,我觉得它们像两个倒扣的碗,碗底扣着很多的煤炭和死去的人。青春期一到,我对它们有了"非分之想",每当太阳从它们中间掉下去,我总会想起我曾把一颗糖不慎丢进姑娘的衣领。姑娘慌张脸红的样子,像极了太阳落山后点燃的漫天夕阳。

我喜欢这两座山,也喜欢那些像它们一样浑圆而沉默的东西。事物和事物的共通之处就在这里,在我眼中,姑娘脸上的羞怯和晚霞、耳边的音乐和流水、天上的星辰和笔下的文字都是同一样事物。如果人生在世真有所谓的造化,这造化可能就是你一生的取舍，一生的遗憾和获得，全取决于你最初的喜欢和厌恶。而造化弄人就在于，人终归无法回头去决定自己最初会喜欢什么，厌恶什么。

这段时间我一直在想，假如我从小打开门，看到的不是两座山，而是一条大河或者一片黄沙，此刻的我会变成什么样。过去我不会想这个问题，过去我一直认为，静止的山改变不了我，只有会变化的我才能改变它们。

事实上，在两座山目睹我成长的过程中，我也确确实实为它们的变化做出过贡献。山不会讲文明，所以我可以在它们身上随地小便，这会导致一株植物更茁壮，也能导致一窝蚂蚁搬家。山不会说话，所以我可以在它们身上挖个坑，埋下点不能让父母和这个世界知道的秘密。山也不会拒绝，当我想要一只鸟或者一只兔子时，钻进密林去拿就好。我在山上干了很多事，这些事都让山产生了变化。

我以为我干完就能跑，其实山也没放过我。我站在山顶迎风小便，嘘完往裤裆里收"尾巴"时，顺便也收进了山赐给我的辽阔。我在山上挖一个坑，埋下一封不敢寄出去的信，顺便也刨出了一串由自卑和悲伤以及沉默构成的果实，吃了它，我又成长了几分。我跟表哥扛枪上山打猎，我此生第一枪也是最后一枪，是打死一只重伤抽搐的兔子。那年我十岁，山就教会了我何为慈悲。

我无法想象我家门口出现一条大河或者一片沙漠的样子，就像我完全没办法去过另一种生活，拥有另一个自我。从1992年2月10日到2018年2月10日，二十六年时光从宇宙中全部事物的身上流淌而过，我属于事物，也属于人间的热闹。我见到了欲望和代价的轮回，也快到了传说中该"扼住命运咽喉"的时刻。但此时毕竟尚早，所有的可能都在来的路上，我不确定自己是否已找到那个温暖而安全的怀抱，也不确定这一趟，到底是笑比哭多，还是哭比笑多。

唯一确定的事情是，二十六岁的我，仍跟刚降生那天一样，对这个世界既恐惧又好奇，既觉得寒冷又觉得温暖，生来沉默，但在被揍时，也有力量发出声嘶力竭的哭喊。一个人要帅二十六年不容易，一个人在洞察了自己的本质和命运的威力后仍能保持风度更不容易。所以，我不打算问自己是否对此刻的自己感到满意,只想祝自己生日快乐。这一路,我在很多事物上留下过自己的名字,那些事物也反过来随时光滴灌进我的名字。今天是我二十六岁生日,也是二十六年来我途经的所有事物的生日,我祝福我,就等于是在祝福一个仍在旋转发光的小小宇宙——

生日快乐啊,吕不同。